21世纪高职高专规划教材

酒店管理系列

咖啡文化与制作

主　编　**周　林**

副主编　**王耀辉**

COFFEE CULTURE AND MAKING

中国人民大学出版社

·北京·

图书在版编目（CIP）数据

咖啡文化与制作/周林主编．-- 北京：中国人民大学出版社，2021.4

21世纪高职高专规划教材．酒店管理系列

ISBN 978-7-300-29225-0

Ⅰ.①咖… Ⅱ.①周… Ⅲ.①咖啡-文化-高等职业教育-教材②咖啡-配制-高等职业教育-教材 Ⅳ.①TS971.23②TS273

中国版本图书馆CIP数据核字（2021）第055128号

21世纪高职高专规划教材·酒店管理系列

咖啡文化与制作

主　编　周　林

副主编　王耀辉

Kafei Wenhua yu Zhizuo

出版发行	中国人民大学出版社			
社　　址	北京中关村大街31号	**邮政编码**	100080
电　　话	010－62511242（总编室）	010－62511770（质管部）	
	010－82501766（邮购部）	010－62514148（门市部）	
	010－62515195（发行公司）	010－62515275（盗版举报）	
网　　址	http://www.crup.com.cn		
经　　销	新华书店		
印　　刷	北京瑞禾彩色印刷有限公司		
开　　本	787 mm×1092 mm　1/16	**版　　次**	2021年4月第1版
印　　张	10.25	**印　　次**	2024年12月第6次印刷
字　　数	204 000	**定　　价**	42.00元

前言

咖啡不仅是饮料，也代表了一种文化。当今，不少国人对咖啡产生了浓厚的兴趣，越来越多的人想了解咖啡。咖啡的品种类型多如繁星，数不胜数。

本书根据咖啡师的职业特点，按照“以学生为中心、以学习成果为导向，促进自主学习”的思路编写，较好地体现了国际上最新的咖啡知识与实用的操作技能。本书借助“学习任务”实现职业教育教学，为教师和学生提供丰富的、适用的和引领创新作用的立体化、信息化课程资源，构建深度学习的管理和评价体系。本书把“企业岗位的典型工作任务及工作过程知识”作为主体内容，主要特色是信息技术十职业教育，部分章节配有相应的视频教程，扫描二维码即可观看，内容丰富，图文并茂。

为了让学生获得更好的学习效果，本书在相应位置都注有咖啡小知识、小贴士等拓展信息，还配有相应的综合试题。不仅创新和完善了“三全”育人体系架构，实现了校企合作、双元共建，还深入贯彻党的二十大精神，以习近平总书记关于职业教育和教材工作的指导意见为导向，落实立德树人根本任务，推进习近平新时代中国特色社会主义思想进教材、进课堂、进头脑，全面落实课程思政要求，做到知识传授与价值引领同步。

为方便读者即学即用，本书以大量图片的形式展现了具体的操作步骤。全书条理清晰，内容专业、实用、严谨，既是咖啡师必备的学习教材，也是咖啡爱好者的重要参考资料。

编者

目 录

模块一　咖啡基础知识 / 3

一　咖啡豆的由来 / 3
二　咖啡的品种与变种 / 5
三　咖啡的种植与采收 / 13
四　咖啡的命名 / 17
五　咖啡豆的主要成分 / 19
六　咖啡豆的制作过程 / 20
七　咖啡豆的分级 / 27
八　常见的单品咖啡 / 37
九　咖啡研磨 / 39
十　咖啡烘焙 / 43
十一　品尝咖啡 / 55
十二　咖啡的保存 / 71
十三　咖啡的添加物 / 72
十四　咖啡杯 / 73

模块二　咖啡主要生产国 / 77

一　委内瑞拉 / 77
二　哥伦比亚 / 77
三　巴西 / 78
四　秘鲁 / 78
五　巴拿马 / 78
六　多米尼加 / 79
七　萨尔瓦多 / 79
八　危地马拉 / 79
九　波多黎各 / 80
十　哥斯达黎加 / 80
十一　古巴 / 81
十二　海地 / 81

十三　牙买加 / 81
十四　尼加拉瓜 / 81
十五　墨西哥 / 82
十六　埃塞俄比亚 / 82
十七　肯尼亚 / 82
十八　坦桑尼亚 / 83
十九　乌干达 / 83
二十　卢旺达 / 84
二十一　喀麦隆 / 84
二十二　安哥拉 / 84
二十三　印度 / 84
二十四　印度尼西亚 / 85
二十五　菲律宾 / 85
二十六　中国 / 86

模块三　咖啡冲煮方式 / 87

一　压力式咖啡 / 87
二　虹吸式咖啡 / 94
三　冲泡式咖啡 / 96
四　摩卡壶咖啡 / 111
五　比利时皇家咖啡 / 113
六　电动滴滤式咖啡 / 116
七　冰滴式咖啡 / 117
八　土耳其式咖啡 / 119
九　法压壶咖啡 / 121

模块四　美味咖啡制作 / 125

一　综合咖啡 / 125
二　压力式热咖啡 / 126

模块五　咖啡专用名词解释 / 131

综合试题 / 139

试题一 / 139
试题二 / 142
试题三 / 145
试题四 / 148
试题五 / 151
试题六 / 154

参考文献 / 156

模块一 咖啡基础知识

一 咖啡豆的由来

公元6世纪时，在非洲埃塞俄比亚西南部的伽法（Kaffa）地区，有一位牧羊人在放牧羊群时，发现他的羊在吃了一种不知名的青绿色果实后便兴奋不已，使得原本在牧羊的他变成在追羊，因此揭开发现咖啡的序幕。

咖啡小知识

埃塞俄比亚大多数位于非洲东北部埃塞俄比亚高原，旧称阿比西尼亚，曾经是东非的一个强国。

图1-1 发现咖啡

10世纪初，来自伊拉克的医师发现咖啡具有利尿的功效。11世纪时，非洲人开始将咖啡煮沸当成饮料饮用，发现煮沸的咖啡具有提神、使人兴奋的功能。13世纪时，埃塞俄比亚军队攻打也门，将咖啡带到了阿拉伯世界。随着大规模的阿拉伯商业贸易发展，咖啡饮料迅速在阿拉伯地区流行开来，阿拉伯人不断地将咖啡有计划地种植，阿拉伯语——Qahwa（植物饮料）是当时阿拉伯人对咖啡的称呼。

咖啡在1510年传至埃及、伊朗、伊拉克，1530年传至大马士革（今属叙利亚）。1554年，在伊斯坦布尔土耳其诞生了第一家咖啡店。17世纪时，咖啡经过威尼斯商人及荷兰人传入欧洲。但当时咖啡市场一直受到阿拉伯的垄断，因此咖啡当时在欧洲价值不菲，直到1690年，一位荷兰船长航行到也门，得到几棵咖啡苗，在印度种植成功。1727年，荷属圭亚那的一位外交官的妻子，将几粒咖啡种子送给一位驻巴西的西班牙人。这位西班牙人在巴西试种取得了很好的成果，因为巴西的气候非常适宜咖啡生长。从此咖啡在南美洲迅速蔓延，巴西咖啡也成为今日咖啡界的霸主。

咖啡小知识

咖啡最大消费国：第一为美国，第二为巴西。

咖啡最大产地：第一为巴西，第二为越南，第三为哥伦比亚，第四为墨西哥。

咖啡重点纪事如表1-1所示。

表1-1 咖啡重点纪事

公元11世纪	阿拉伯商人将咖啡果实传入欧洲。
公元13世纪	阿拉伯人利用烘焙和研磨生豆制作咖啡。
公元1530年	大马氏革开设了全世界第一家咖啡馆。公元17世纪之前，几乎所有咖啡豆皆来自阿拉伯国家。
公元1616年	马拉巴种植咖啡。
公元1696年	咖啡在印度尼西亚种植成功。
公元1706年	印度尼西亚首次将咖啡豆运至荷兰，荷兰的殖民地所种植的咖啡，曾为欧洲咖啡豆的主要供应来源。
公元1730年	英国人将咖啡树苗带入牙买加种植（即为蓝山咖啡的由来）。
公元1825年	美国唯一种植咖啡的所在地——夏威夷开始种植咖啡。
公元1901年	速溶咖啡出现。
公元1938年	在市面售卖速溶咖啡，并分为两种制法： 1. 喷雾干燥法：俗称第一代咖啡。 2. 冻结干燥法：俗称第三代咖啡。

二 咖啡的品种与变种

（一）常见的咖啡树种

1. 铁皮卡（Typica）

一个植株较为高大的咖啡树种，高海拔种植，是阿拉比卡种系最重要的遗传变种之一，有着很好的杯品质量，适宜的种植密度为每公顷 3 000—4 000 株。耐寒，产量偏低，抗虫能力不强，容易感染咖啡浆果病和叶锈病，叶端颜色为褐色，平均豆体偏大。

2. 爪哇（Java）

一个植株较为高大的咖啡树种，高海拔种植，有着很好的杯品质量，营养要求很低，适宜的种植密度为每公顷 3 000—4 000 株。抗虫能力较弱，有一定感染咖啡浆果病和叶锈病的风险，叶端颜色为褐色，平均豆体较大。

3. 波本（Bourbon）

一个植株较为高大的咖啡树种，高海拔种植，是阿拉比卡种系最重要的遗传变种之一，有着很好的杯品质量，适宜的种植密度为每公顷 3 000—4 000 株。产量一般，抗虫能力不强，容易感染咖啡浆果病和叶锈病，叶端颜色为绿色，平均豆体偏小。

4. 马拉戈吉佩（Maragogype）

一个植株较为高大的咖啡树种，高海拔种植，有着很好的杯品质量，营养要求不高，产量较低，适宜的种植密度为每公顷 3 000—4 000 株。抗虫能力很弱，非常容易感染咖啡浆果病和叶锈病，叶片很大，叶端颜色为褐色，平均豆体很大，又称象豆。

5. 瑰夏（Geisha）

一个植株较为高大的咖啡树种，在巴拿马傲世绽放，高海拔种植，有着绝佳的杯品质量，产量一般，适宜的种植密度为每公顷 3 000—4 000 株。抗虫和抗咖啡浆果病能力很弱，对于叶锈病有一定的抵御能力，叶端颜色为绿色。

6. 卡杜拉（Caturra）

一个植株较为矮小的高海拔咖啡树种，有着很好的产量和杯品质量，适宜的种植密度为每公顷 5 000—6 000 株。抗虫能力不强，容易感染咖啡浆果病和叶锈病，叶端颜色为绿色，平均豆体偏小。

7. 帕卡斯（Pacas）

一个植株较为矮小的咖啡树种，高海拔种植，有着很好的杯品质量，适宜的种植密度为每公顷 5 000—6 000 株。抗虫能力不强，容易感染咖啡浆果病和叶锈病，叶端颜色为绿色，平均豆体偏小。

8. 卡杜艾（Catuai）

一个植株较为矮小的咖啡树种，高海拔种植，有着很好的产量和杯品质量，适宜的种植密度为每公顷 5 000—6 000 株。抗虫能力不强，容易感染咖啡浆果病和叶锈病，叶端颜色为绿色，平均豆体偏小。

9. 帕卡马拉（Pacamara）

一个植株较为矮小的咖啡树种，高海拔种植，有着很好的杯品质量，适宜的种植密度为每公顷 5 000—6 000 株。抗虫能力很弱，非常容易感染咖啡浆果病和叶锈病，叶端颜色为绿色或褐色，平均豆体很大。

10. 卡蒂莫（Catimor）

一个植株较为矮小的咖啡树种，高海拔种植，也能适应非常低的海拔种植，有着良好的杯品质量，产量高，适应酸性土壤，适宜的种植密度为每公顷 5 000—6 000 株。抗叶锈病能力强，抗虫和抗咖啡浆果病弱，叶端颜色为褐色，平均豆体较小。

11. 薇拉莎奇（Villa Sarchi）

一个植株较为矮小、防御强风能力很强的咖啡树种，高海拔种植，有着很好的杯品质量，适宜的种植密度为每公顷 5 000—6 000 株。抗虫能力不强，容易感染咖啡浆果病和叶锈病，叶端颜色为绿色，平均豆体很小。

（二）常见的咖啡豆品种

野生的咖啡豆主要生长在马达加斯加以及非洲大陆，还有马斯克林群岛、科摩罗、亚洲和大洋洲。作为经济作物大量种植的只有阿拉比卡种以及加纳弗拉种（俗称罗布斯塔），约占全球产量的 99%。阿拉比卡是在埃塞俄比亚与欧基尼奥伊德斯种混种而成，有些国家则种植少量的利比瑞卡种以满足当地需求。

1. 阿拉比卡种（Arabica）

占全球产量的 70%，豆子形状属椭圆形，颜色均匀，中间裂纹曲折，背面圆弧形且平整，不易栽种，太冷、太热、太潮湿及降霜都不适合生长，需要在全年 20 摄氏度左右的地方及高海拔的斜坡上种植，亚热带地区位于 600—1 200 米的高度，赤道地区位于海拔 1 200—2 100 米之间，需要有充沛的雨量。目前符合此条件的有 50 多个国家，以巴西、哥伦比亚、牙买加、哥斯达黎加、墨西哥等国为主，大家现在熟悉的蓝山咖啡、巴西咖啡、摩卡咖啡、曼特宁咖啡都属于阿拉比卡种。

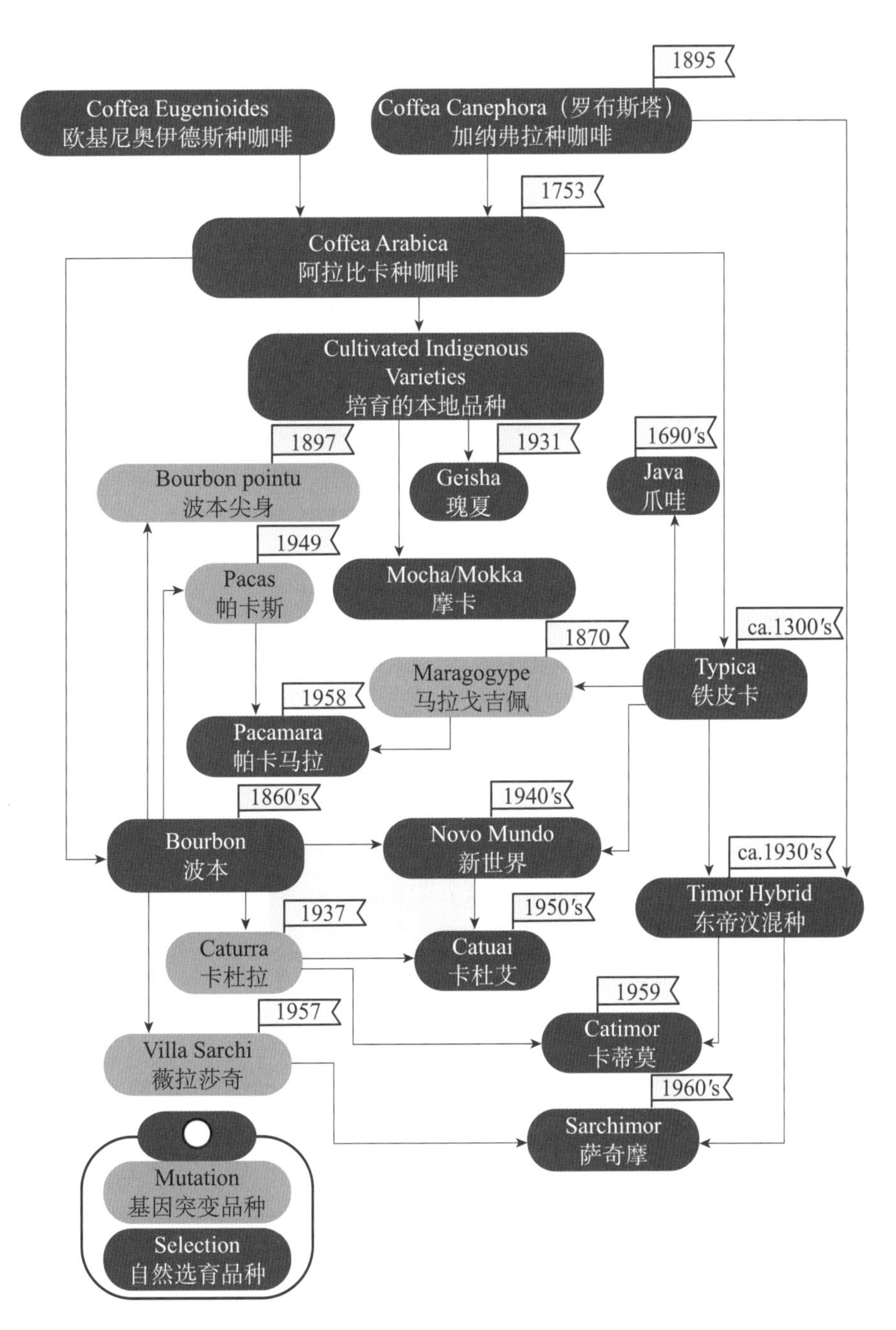

图 1-2　常见的咖啡豆品种谱系

阿拉比卡种为品质最优良的品种，味道均匀，品质优越，香味与酸味丰富，也是全球种植采收最大的品种，其最大的特色为香、甘、醇、酸，由于其适中的特性，适合制作成加味咖啡，如榛果咖啡、草莓咖啡、香草咖啡等。

（1）原生种。

阿拉比卡种主要的原生种为埃塞俄比亚的铁皮卡及也门的波本种。铁皮卡产于埃塞俄比亚，属于最古老的原生种，但抗虫性不佳，不易栽种，牙买加蓝山及夏威夷科那咖啡属于此品种。波本种产于也门，与铁皮卡并称为最古老的原生种，抗虫性较佳，口感佳。

（2）基因突变种。

属于阿拉比卡种基因突变种的有肯尼亚 SL28/SL34、瑰夏、卡杜拉、黄波本、马拉戈吉佩、帕卡斯。

1）肯尼亚 SL28/SL34 出产于肯尼亚，由法国、英国传教士与肯尼亚的高浓度磷酸土壤筛选、培育出的波本嫡系，为波本种的基因突变种。

2）瑰夏为铁皮卡的衍生品种，原植物位于埃塞俄比亚南部的瑰夏山，于 1953 年从中美洲哥斯达黎加移植至巴拿马，有清新的柑橘及茉莉花的香味，特色分明，这让瑰夏咖啡成为万众瞩目的咖啡，但产量稀少。

3）卡拉杜为波本的单基因变异种，树身较低，发现于 20 世纪 50 年代的巴西，口感带有柠檬及柑橘的风味。

4）黄波本为波本变种，不耐风雨，因此未广泛种植，因果实成熟时呈黄色而得名。

5）马拉戈吉佩俗称象豆，为铁皮卡种的基因变异种。1870 年于巴西东北部马拉戈吉佩发现了此品种，此品种比一般豆子大约 3 倍，海拔高的象豆口感极佳，但产量不多，不符合经济效益，所以种植并不多，目前哥伦比亚、多米尼加、危地马拉、墨西哥还有少量种植。

6）帕卡斯为波本的基因变异种，产量高，品质佳。

（3）阿拉比卡种内杂交。

1）卡杜艾属于阿拉比卡种内混血，为蒙多诺渥与卡杜拉杂交所产生的品种，所结成的果实有红色及黄色。

2）蒙多诺渥属于阿拉比卡种内混血，为波本种与苏门答腊比卡种杂交后产生的品种。于巴西发现此品种，抗虫性较佳，口感佳，但树身高，不易采摘。

3）帕卡马拉为马拉戈吉佩与帕卡斯杂交品种，豆粒硕大，仅次于象豆。

（4）阿拉比卡与罗布斯塔粗壮豆杂交。

1）卡蒂莫属阿拉比卡粗壮豆混血，为卡杜拉与帝莫杂交而成，帝莫为东帝汶所发现的品种，是阿拉比卡与罗布斯塔混血的品种，酸味低，较无特色，混血后的卡蒂莫抗虫性佳，口感适中。

2）蒂莫属阿拉比卡与粗壮豆种混血，酸味低。

3）依卡图属阿拉比卡与粗壮豆种混血，抗虫性佳，但风味不佳。

图 1-3　阿拉比卡种咖啡

植物分类体系如表 1-2 所示，根据实际需要，还可以插入亚单位便于研究和分类，如亚钢、亚目、亚科、亚属等，基于 1753 年瑞典博物学家林奈创建的植物命名双名法（Binomial System），后世反复完善了《国际植物命名法则》，规定每种植物只能有一个学名（Scientific Name）。

表 1-2　阿拉比卡种植物属类

门	Phylum	Divisio	被子植物门 Angiosperm
纲	Class	Classis	双子叶植物纲 Dicotyledoneae
目	Order	Ordo	龙胆目 Gentianales
科	Family	Familia	茜草科 Rubiaceae
属	Genus	Genus	咖啡属 Coffea
种	Species	Species	阿拉比卡种咖啡 Coffea Arabica L.

2. 罗布斯塔种（Robusta）

占全球产量的20%—30%，颗粒较小，大小不一，易栽种，能适应恶劣的环境，耐虫性佳。咖啡因比阿拉比卡种高，香味较低，苦味强，品质较不佳，种于600米以下的平地或山坡地，多产于乌干达、马达加斯加岛、越南等。

图1-4 罗布斯塔种咖啡

阿拉比卡种和罗布斯塔种咖啡的比较见表1-3。

表1-3 阿拉比卡种咖啡与罗布斯塔种咖啡

对比项目	阿拉比卡种咖啡	罗布斯塔种咖啡
确认命名	1753年	1895年
染色体	44条	22条

续前表

对比项目	阿拉比卡种咖啡	罗布斯塔种咖啡
原产地	埃塞俄比亚	刚果
开花时机	雨季后	不确定
生豆产量	1 500—3 000 千克/公顷	2 300—4 000 千克/公顷
扎根状态	深	浅
最佳生长温度	15℃—24℃	24℃—30℃
最佳降雨量	1 500—2 000 毫米	2 000—3 000 毫米
生长高度	海拔 600—2 000 米	海拔 0—600 米
果实成熟后	容易脱落	不易脱落
咖啡果蝇	容易感染	不容易感染
生豆咖啡因含量	1.2%—1.6%	1.7%—4%
豆貌特征	略呈扁平，豆芯裂缝 S 形	略呈椭圆，豆芯裂缝笔直
风味特点	酸香	低酸苦重
用途	单品、拼配	拼配、速溶

3. 利比瑞卡种（Liberica）

占全球产量不到 5%，原产于非洲西海岸，适合种植在 200 米以下的平地，品质不佳、产量也少。

阿拉比卡

罗布斯塔

利比瑞卡

图 1－5　阿拉比卡、罗布斯塔、利比瑞卡咖啡豆形状比较

Crop Year:2016-2017
In thousand 60kg bags

亚洲及太平洋地区
Asia and the Pacific Area

印度 India 5 333
与众不同的季风处理驰名，水洗罗豆有潜力。

印度尼西亚 Indonesia 11 491
亚洲最重要咖啡产国之一，曼特宁与猫屎咖啡故乡。

中国 China 2 300
成长非常迅速，未来广受看好。

越南 Vietnam 25 500
世界第二大咖啡产国，罗豆为主，量大质低。

巴布亚新几内亚 Papua New Guinea 1 171
甜香明媚，偶有惊喜，与临近的印度尼西亚咖啡风味迥异。

老挝 Laos 500
政府开始大力支持，产量增长迅速。

美国夏威夷 Hawaii 52
天赐的咖啡产地，低海拔咖啡之王。

中南美洲
Central and South America

巴西 Brazil 55 000
全球最大、工业化最先进的咖啡产国。

哥伦比亚 Columbia 14 500
国家支持，FNC是亮点，自然条件卓越。

玻利维亚 Bolivia 81
高海拔地区咖啡偶有惊喜。

哥斯达黎加 Costa Rica 1 486
从育苗栽种到处理法都有高超技艺。

古巴 Cuba 100
产量下滑多年，目前逐渐稳定，未来尚待观望。

厄瓜多尔 Ecuador 645
品质不突出，亟待亮点。

萨尔瓦多 El Salvador 623
帕卡玛拉等品种出现，潜力巨大。

危地马拉 Guatemala 3 500
世界之最的微气候环境下孕育咖啡风味。

洪都拉斯 Honduras 5 934
中美洲最大咖啡产国。

牙买加 Jamaica 20
牙买加蓝山曾辉煌一时，风味优雅高贵而复杂。

墨西哥 Mexico 3 100
受叶锈病困扰，主要出口供应美国市场。

尼加拉瓜 Nicaragua 2 100
果味浓郁，品质可期。

巴拿马 Panama 115
身价最高咖啡品种——瑰夏的崛起傲世之地。

秘鲁 Peru 4 222
主要供应美国、德国，风味均衡适中。

委内瑞拉 Venezuela 400
主要内销，出口不多。

非洲 Africa

布隆迪 Burundi 258
国家经济支持产业之一，未来潜力不小。

埃塞俄比亚 Ethiopia 6 600
咖啡发源地，基因宝库，风味海洋，未来无限可能。

肯尼亚 Kenya 783
品种、土壤与处理法共同造就迷人的莓果酸香与甜美。

坦桑尼亚 Tanzania 900
肯尼亚的“替身”，风味与之有相似处，值得探寻。

卢旺达 Rwanda 251
成长快速，值得期待。

赞比亚 Zambia 2
目前品质有限，但因品种及自然条件，未来可期。

马拉维 Malawi 18
尚处起步阶段，但值得期待。

也门 Yemen 125
摩卡风味的谷地，这些年咖啡产业低迷。

津巴布韦 Zimbabwe 10
产量下降，前景不明。

乌干达 Uganda 3 800
非洲精品咖啡的新星，未来值得期待。

科特迪瓦 Côte d'Ivoire 2 000
罗豆大国，主要销往意法等欧洲国家。

喀麦隆 Cameroon 480
低迷多年后，现已有产量腾飞、品质上升迹象。

马达加斯加 Madagascar 415
罗布斯塔种咖啡产国。

图 1-6 全球咖啡产地及产量

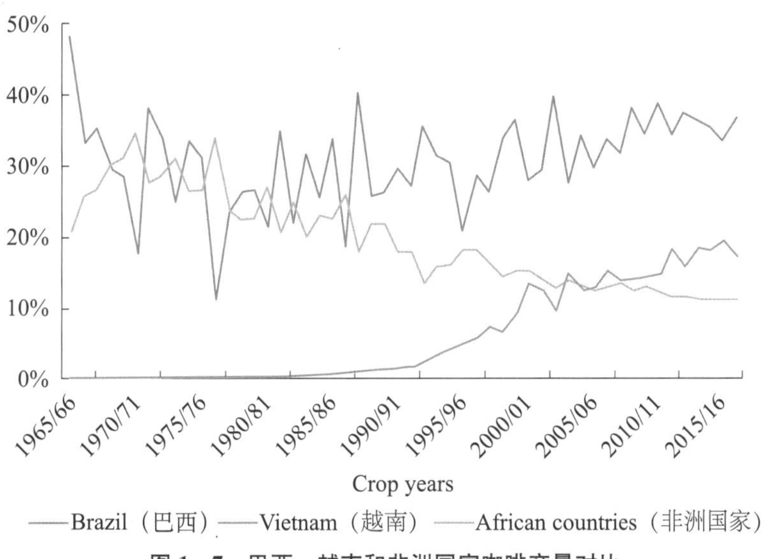

图 1-7 巴西、越南和非洲国家咖啡产量对比

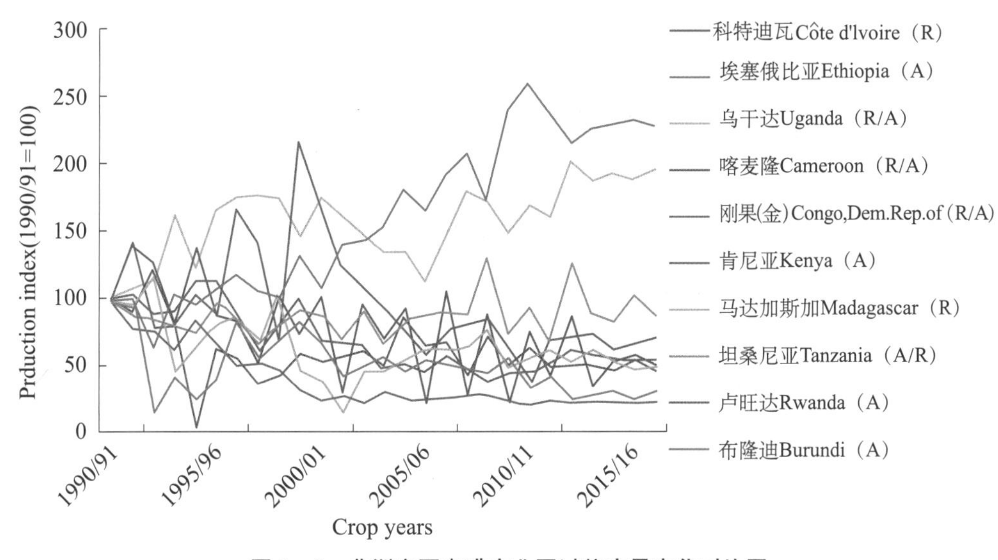

图 1-8 非洲主要咖啡产业国过往产量变化对比图

三 咖啡的种植与采收

（一）咖啡的种植

咖啡树属于茜草科的常绿树，适合种植于热带和亚热带国家，于南北纬 25—30 度之间，并形成一个环状地带，此地称为咖啡环带、咖啡区域或咖啡腰带。咖啡树需要 15℃—25℃之间温暖的气候，整年的降水量需有1 500—2 000 毫米。温暖的日光、肥沃的土壤、良好的排水都是咖啡树生长所需的条件，种植咖啡树最理想的高度为

500—2 000 米，海拔越高，晚上的温度越低，咖啡生长越缓慢，从而使咖啡产生独特风味且能增加咖啡的果酸味。油脂浓度低，咖啡豆易结出饱满的豆形。

咖啡树生长时，最高可长到 10 米，但为了方便采摘，会将咖啡树修剪至 2 米左右，在树干 30 厘米处锯断，让咖啡树重新生长枝叶，这个过程称为回切。咖啡树第一次开花时约种植 3 年才会开花，开花时散发着淡淡的茉莉花香，有 5 片白色的花朵，花内有雄蕊 5 根、雌蕊 1 根，3—4 天就凋落了，结成果实需 6—8 个月，果实如核桃。刚结果时为绿色，渐渐变黄，成熟转为红色，形状很像樱桃，因此将成熟的咖啡称为樱桃咖啡。

热带地区咖啡树须有遮阴树，可使咖啡缓慢生长，以提高咖啡的果酸度，若没有遮阴树，咖啡树暴露于高温中生长，新陈代谢太快，咖啡风味表现较不佳，高海拔种植的咖啡豆，咖啡酸度、醇厚度、香气及整体风味较佳。

图 1-9 咖啡树育苗

图 1-10 咖啡树

图 1－11　咖啡树开花

图 1－12　咖啡树结果

图 1－13　果实成熟

（二）咖啡的采收

一年之中，不论何时，阿拉比卡种或罗布斯塔种都在世界上某个角落被采收。有些国家或地区每年会密集采收一次，有些则是每年有两次明确的采收期，甚至是长达整年之久的采收期都有。

图 1－14　机械采收

图 1－15　人工采收

根据品种不同，咖啡树能长高到数米不等，但为了方便进行较普遍的人工采收，通常会将其修剪至 1.5 米高。人工采收可分为一次或多次，也就是一次把未熟、成熟、过熟的果实通通采下来，或是在采收期间分成数次采收，每次只摘取已经成熟的果实。

有些国家会使用机器采收，将枝条脱光，或轻摇树干使成熟的果实脱落集中。

若是照料得宜，一棵健康的阿拉比卡种咖啡树每季能够产出约 1—5 千克的咖啡果，而大约 5—6 千克的咖啡果能收集 1 千克的咖啡豆。不论是脱枝或人工、机器挑选采摘下来的咖啡果，都必须经过好几道水洗式或干燥式的程序处理，取出咖啡豆，再依照品质分类。

咖啡豆的两大品种在植物学及化学上拥有截然不同的特征及品质，在决定其能够自然生长并永续产量的地区，不但影响咖啡豆的分类及价格，更是其风味的指标。如表1-4所示。

表1-4 阿拉比卡种和罗布斯塔种比较

特征	阿拉比卡种	罗布斯塔种
染色体：阿拉比卡种的染色体结构说明了为何其咖啡豆的风味如此复杂多变。	44条	22条
根部结构：罗布斯塔种的根部硕大，分布较浅，所需的土壤深度及孔隙率与阿拉比卡种不同。	深——每棵咖啡树间应该保持1.5米的距离，确保其根部有宽裕的伸展空间。	浅——每棵咖啡树间必须保持至少2米的距离。
理想气温：咖啡树极易受到霜害，因此必须避免种植在会受低温侵袭之处。	15℃—25℃，阿拉比卡种适合生长在温和的气候中。	20℃—30℃，罗布斯塔种能够承受高温。
高度及纬度：两种咖啡树皆生长在南北回归线之间。	海拔900—2 000米，高海拔的地方较能满足其所需的温度及雨量。	海拔0—900米，罗布斯塔种不需要凉快的气温，因此种在低海拔处。
雨量：降雨有助于咖啡树开花，但过与不及都对其花朵与果实有伤害。	1 500—2 000毫米，阿拉比卡种的根部较深，因此可在顶层土壤干燥的情况下生长。	2 000—3 000毫米，罗布斯塔种的根部较浅，因此需要频率较高、雨量较多的降雨。
花期：两种咖啡树都在降雨后开花，但受降雨频率影响而有所不同。	阿拉比卡种栽种在湿季明显的区域，因此较易预测其开花时间。	罗布斯塔种栽种在气候较不稳定、干燥的区域，因此开花时间较不固定。
结果时间：不同品种由开花到结出成熟果实的时间长短不一。	9个月。阿拉比卡种所需的成熟时间较短，使得生长周期外有充裕的时间修剪及施肥。	10—11个月，罗布斯塔种的成熟速度较慢、时间较长，采收期较不密集。
咖啡豆含油量：含油量影响芳香，因此是芳香度的指标。	15%—17%，高含油量使其触感光滑柔顺。	10%—12%，低含油量使罗布斯塔种浓缩咖啡有层浓厚稳定的咖啡脂。
咖啡豆含糖量：烘焙咖啡豆时会改变其含糖量，影响其酸度及口感。	6%—9%	3%—7%，甜度较阿拉比卡种咖啡豆低，口感较苦涩，留有绵长的、强烈的余韵。
咖啡豆咖啡因含量：咖啡因是天然的杀虫剂，因此高含量可增强咖啡树的抗虫力。	0.8%—1.4%	1.7%—4%，高咖啡因含量使其较不受盛行于湿热气候的疾病、菌类、昆虫侵害。

四 咖啡的命名

咖啡的命名方式大致可分为五类：

1. 以出产的国家命名

早期流行的咖啡大多以此命名，如巴西咖啡、哥伦比亚咖啡、墨西哥咖啡、牙买加咖啡、肯尼亚咖啡、秘鲁咖啡、越南咖啡等。

2. 以生产国家的出港口命名

如巴西的圣多士咖啡是由巴西的圣多士港输出的，也门与埃塞俄比亚早期所产的咖啡，均由也门的摩卡港输出，从此摩卡港口输出的咖啡称为“摩卡”，再以不同的原产地来细分，如“摩卡·哈那”“摩卡·山纳妮”，因此早期的也门与埃塞俄比亚所产的咖啡均称为“摩卡”，但此港口已经关闭。

3. 以山岳、岛屿命名

以咖啡所种植的产地命名，如蓝山咖啡种植于牙买加岛的蓝山山脉。美国的夏威夷岛所种植的咖啡，以岛屿命名的为夏威夷科那等。

4. 以品种命名

以咖啡的品种直接命名，如阿拉比卡咖啡、罗布斯塔咖啡。

5. 以产地命名

直接以咖啡产地命名，如中国台湾云林的古坑咖啡。

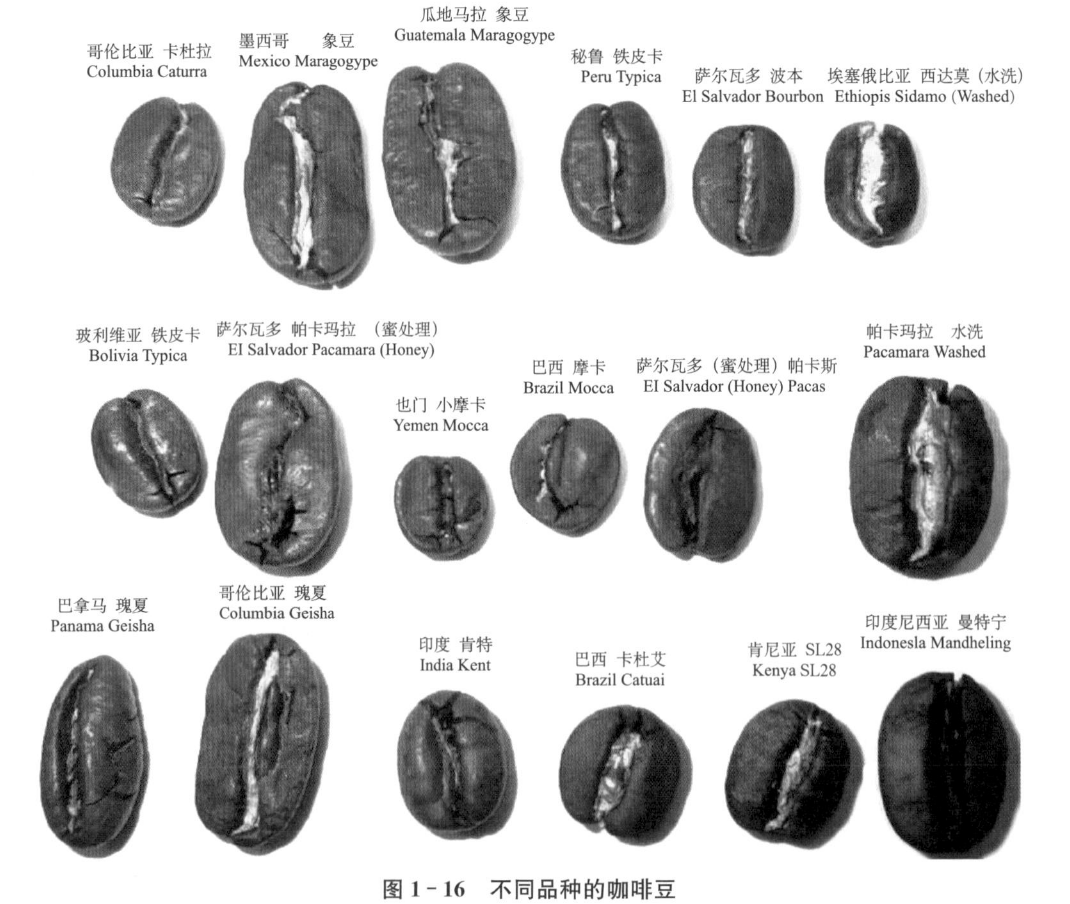

图 1-16 不同品种的咖啡豆

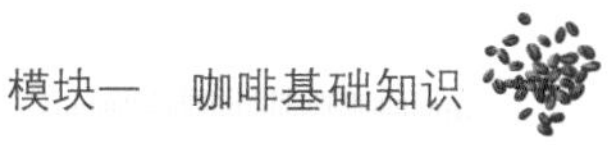

咖啡小知识

与埃塞俄比亚、也门隔着红海的地方是最早发现阿拉比卡种咖啡的地方。

五　咖啡豆的主要成分

1. 咖啡因

构成咖啡特殊风味的要素为咖啡因，咖啡因也是咖啡苦味的来源，易溶于热水不易溶于冷水，少量的咖啡因可刺激中枢神经系统，提高思维力，使人情绪激昂，睡意消除；可促进肾脏机能，具有利尿作用；可刺激肠胃蠕动，帮助消化，多量对身体有害。

2. 单宁酸

涩味的来源，过热的水温使单宁酸分解为焦梧酸，焦梧酸会破坏咖啡的香醇及损胃。

3. 脂肪

香味的主要来源，其中所含的脂肪酸会导致酸性咖啡。

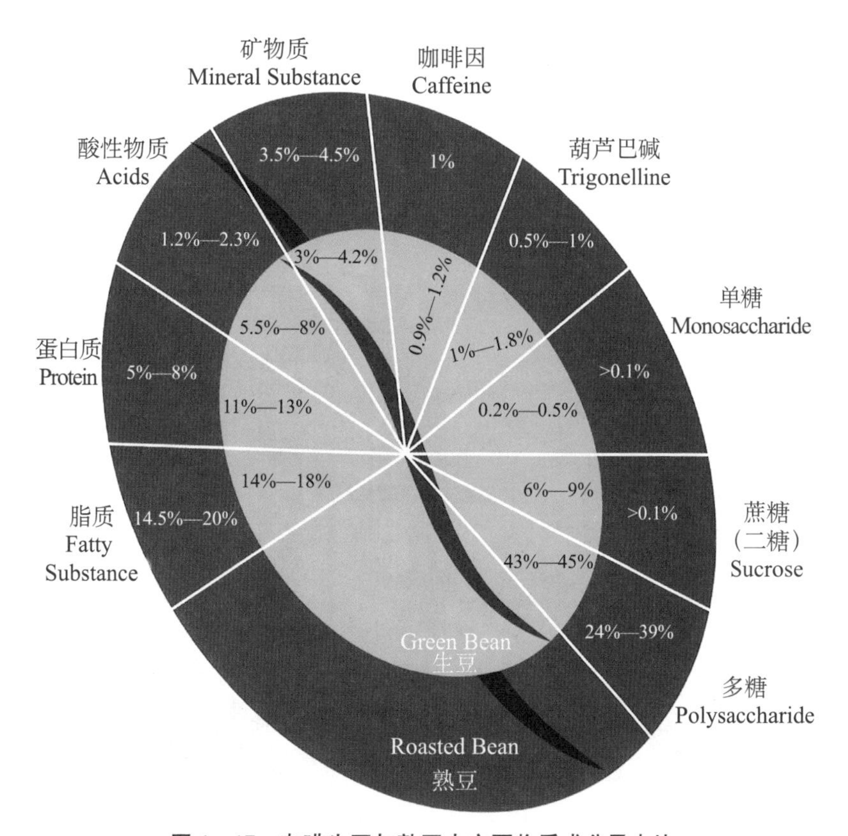

图 1-17　咖啡生豆与熟豆中主要物质成分及占比

六 咖啡豆的制作过程

咖啡豆来源于咖啡树成熟果实的种子。由于采取人工栽培，不需要砍伐森林，在阴暗处也能顺利生长，因此咖啡产业是极具环保性的产业。

咖啡豆是茜草科的果实种子。由于果实外观长得很像红樱桃，所以也被称为“樱桃咖啡”。将咖啡树成熟果实的外皮、果肉、内果皮、银皮等部位去除后，就可以得到咖啡生豆，并开始进行输出作业。咖啡从一开始种植到收获，大约需要 3 年的时间，而从开花到结果，以阿拉比卡种咖啡来说，需要 6 个月到 9 个月的时间，而且当咖啡豆成熟后，必须在 2 周内完成收获才行。

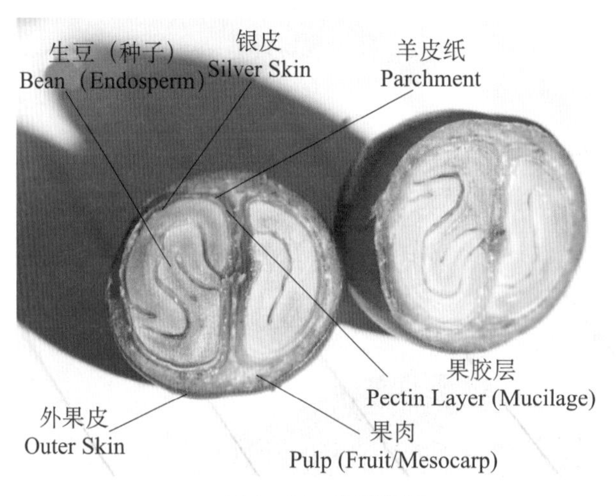

图 1－18　咖啡樱桃

图 1－19　咖啡鲜果

图 1-20　用去果皮机剥除果皮、果肉

图 1-21　发酵池浸泡（水洗处理）

图 1-22　二次浮选去除残留果皮、果胶

图 1－23　晾晒干燥

图 1－24　日晒处理

图 1－25　蜜处理

现今世界上约有 60 个国家和地区种植咖啡，生豆供应国包括巴西、哥伦比亚等 40 多个国家和地区。咖啡的味道会因产地及品种、加工的方法不同而有极大的不同。光是品尝一杯咖啡，背后就蕴含了许多深奥的故事。

咖啡的果实为红色，需经过以下程序才能制作出美味可口的咖啡豆，如表 1－5 所示。

表 1－5　咖啡豆制作过程

步骤	特点	工作内容
1. 育苗	一个半月～2 个月就会发芽	将咖啡豆种植于苗圃，大约一个半月—2 个月就会萌芽。当幼苗长至 30—40 厘米时，就可以移至土垄，在不会遭受阳光直射的地方继续种植。
2. 成树	大约 3 年就会长成，开始结果	长成的树苗移至田地后继续培育。接下来大约 3 年的时间就会长成，开始结果。自第 4 年开始，产量逐渐增加，若照顾妥善，将可以持续收获 20—30 年。
3. 开花	茉莉般的香气	咖啡树在长成之后将会开出纯白的花朵，其特征就在于茉莉花般的香气，让庄园笼罩于白色的花朵和甜美的花香中。可惜花朵在 2—3 天内就会凋谢。
4. 结果	外观像樱桃般红润的果实	在花朵凋谢之后，就会结出绿色的咖啡果实，静待6—8 个月后果实开始丰满，果实的颜色也慢慢地由绿色转变为红色。因为其不论外观还是颜色都很像樱桃，所以被称为“樱桃咖啡”。
5. 收获	以手工进行采摘的收获作业	咖啡果实成熟后，需要运用大批的人力，一粒粒以手工采摘收获。至于长在高处较难采摘的果实，就利用梯子加以辅助，或是摇晃树枝来获得果实。绝大多数产地，在收获时都是采取手工采摘的作业模式。
6. 精制	4 种精制加工方式	咖啡豆的精制加工主要有水洗式、非水洗式。干燥方式则大致区分为两种，即日晒干燥和机械干燥。
7. 手工分拣	根据大小、外形、比重分出等级	生豆在经过分选机挑除外观不佳或是有瑕疵的豆子后，根据豆子大小、外形以及相对密度来分出等级。因此，还会再一次以手工的方式进行分拣作业。
8. 试饮	经过试饮阶段后，正式出货	生咖啡豆会经由各地农业协会或精制工厂进行试饮，以确认香气和味道是否没有任何问题，并判断咖啡豆的各方面条件是否符合出口规格。接着才开始向各地的订货商出货。

（一）采收

采收可分为人工采摘与机器采摘，人工采摘的咖啡豆品最佳，因咖啡农可把不成熟的咖啡豆继续留下等待咖啡豆成熟再采摘，机器采摘以震动的方式将咖啡豆震动下来，不成熟的咖啡豆也被一起震动下来，所以品质较不佳。

（二）精制

将咖啡的果实外皮、果肉、果胶层、羊皮纸、银皮剥开所得的果实，称为生豆，又称为绿豆黄金（Green Gold），可分为两个椭圆形相对的豆子组成的平豆及一颗圆形的圆豆两种。

（三）生豆的处理方法

生豆的处理方法可分为干燥法、水洗法与半水洗法。

1. 干燥法（Dried Method，Unwashed）

干燥法又称日晒法（Pulped Natural）。早在 1 000 多年前，阿拉伯人便使用此法，将采收成熟的果实铺放在平坦的空地上，借由自然阳光的照射约 20 天，再以脱壳机将种子与外皮分离，剥掉果肉之后即成为带内果皮的原豆状态。然后以保留的黏膜（指不剥掉果壳内层薄膜）的状态，放在日光下晒干。此种方法成本低，处理后的咖啡豆果香浓郁，醇度强，但品质不一样，适合日照多的地方使用，巴西、埃塞俄比亚、也门、印度尼西亚、越南常使用此法。

2. 水洗法（Wet Method，Washed）

创始于 18 世纪中期，为目前使用最多的方法，将采收的果实浸泡于水中，将浮于水面的不良豆子去除，再去除果皮和果肉，果核外的黏液与薄膜很难去掉，需要浸泡，浸泡时间长短会影响咖啡的风味，所以发酵时间也各不相同。此方法成本高，且需要多道筛选手续，风味涩净，果香及果酸细致，中南美洲种植咖啡豆的国家大都使用此方法。

3. 半水洗法（Semi Washed）

结合日晒与水洗的方法，将采收的果实浸泡于水中，将浮于表面的不良豆子去除，待果实软后，以果肉筛除机将豆子外皮去除，将咖啡豆移至户外，由自然阳光照射约 2—3 天，若日照不多，会使咖啡豆产生霉菌，再以烘干机将果核外的黏液与薄膜晒干，以机器将薄膜去掉，此种方法介于干燥法及水洗法之间。

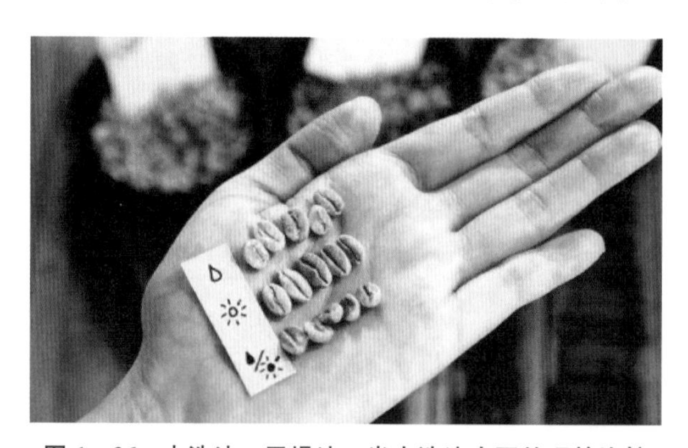

图 1－26　水洗法、干燥法、半水洗法生豆处理的比较

表 1-6 咖啡加工处理综合分析表 填表签名：

Purchase Date 采购日期	20 年/ 月/ 日		Lot Number 批号		
Country 国家		Region 原产地		Farm 农场	
Contact name 联系人		Phone Number 联系电话		Warietal 品种	
Cherry Information 鲜果信息					
Cherry % not ripe 未熟百分比	%	Weight（kg）重量（公斤）	KG	Price（per/kg）价格（每公斤）	人民币¥
Wet Mill 鲜果加工		Aititude 海拔	米	Cherry Harvest date 采摘日期	20 年/ 月/ 日
Processing method 加工方法					
Washed 水洗		Honey 密处理		Natural 日晒	
Date and time started 处理开始日期和时间	20 年/ 月/ 日	Date and time started 处理开始日期和时间	20 年/ 月/ 日	Date and time started 处理开始日期和时间	20 年/ 月/ 日
Hours ferment in cherry 鲜果发酵时长	小时	Hours ferment in cherry 鲜果发酵时长	小时	Hours ferment in cherry 鲜果发酵时长	小时
Weight of coffee pre-pulping 除果肉前重量	KG			Weight of coffee onto drying rack 晾晒前重量	KG
Weight of coffee post-pulping 除果肉后重量	KG	Weight of coffee pre-pulping 除果肉前重量	KG	Yeast ferment? 酵母发酵吗？	是 否
Hours ferment in tank 发酵池发酵时长	小时			If yes，weight before fermenting 酵母发酵前重量	KG
Wet or Dry 干发酵 或 湿发酵		Weight of coffee post-pulping 除果肉后重量	KG	Weight after fermenting 发酵后重量	KG
Starting/ending PH 初始/结束 PH 值	/			Days fermented 发酵天数	天
Drying 干燥					
Weight of coffee onto drying rack 干燥前重量：	KG	Weight of coffee onto drying rack 干燥前重量：	KG	Weight of coffee onto drying rack 干燥前重量：	KG
Number of days drying 干燥天数：	天	Number of days drying 干燥天数：	天	Number of days drying 干燥天数：	天
Weight after drying（parchment） 干燥后重量（带壳豆）：	KG	Weight after drying（parchment） 干燥后重量（带壳豆）：	KG	Weight after drying（parchment） 干燥后重量（带壳豆）：	KG
Ratio Cherry to Parchement 鲜果与带壳豆比例	%	Ratio Cherry to Parchement 鲜果与带壳豆比例	%	Ratio Cherry to Dried Cherry 鲜果与干果比例	%
Moisture % of Green bean before milling					
Dry milling 脱壳加工					
Dry mill Name 脱壳加工厂名称		Contact 联系人		Phone number 联系电话	
Grade 1（kg） 一级豆子重量（公斤）：	KG	Grade 2（kg） 二级豆子重量（公斤）：	KG	Trash（kg） 劣质豆重量（公斤）：	KG
Grade 1 Defect count 瑕疵数				Cherry husks（kg） 果壳（公斤）：	KG
Ratios 比例					
Cherry to Grade 1 Green 鲜果与一级生豆比例	%	Cherry to Grade 1 Green 鲜果与一级生豆比例	%	Cherry to Grade 1 Green 鲜果与一级生豆比例	%
Parchment to Grade 1 Green 带壳豆与一级生豆比例	%	Parchment to Grade 1 Green 带壳豆与一级生豆比例	%	Dried Cherry to Grade 1 Green 干果与一级生豆比例	%

Sample# 样品编号 最后总分	干湿香气 Fragrance/Aroma	余韵 Aftertaste	体脂感 Body	平衡感 Balance	甜度 Sweetness	Costs 成本
	风味 Flavor	酸质 Acidity	一致性 Uniformity	干净度 Clean Cup	综合考虑 Overall	

咖啡小知识

不含咖啡因的咖啡是怎么做成的？

去除了含量90%以上咖啡因的咖啡，被称为“低咖啡因咖啡”，简言之就是“低因咖啡”。

以前为了去除咖啡因，人们一般都会借助一种有机溶剂，但由于有机溶剂会残存在咖啡豆中，容易致癌，所以目前很多国家已经禁止使用了。现在，人们去除咖啡因的手段主要有两种——水处理和二氧化碳处理。但咖啡因是不易溶于水的，因此想将咖啡因溶解到水中，就有一定的难度了。再加上氨基酸、糖类、绿原酸等这些构成咖啡风味的成分又极易溶解于水，于是问题就产生了——咖啡因还没有去除，这些成分就会先于咖啡因溶解于水中。

第一种方法是“瑞士水处理法”，就是先将生豆中咖啡因以外的水溶性成分充分溶解于水，直至饱和状态，再将咖啡生豆浸泡于处理过的水里，这样，即使是易溶于水的氨基酸、糖类、绿原酸，也会因水中的成分已经饱和而无法溶解于水中，又因为水里不含咖啡因，所以咖啡因就会从生豆中溶解到水中。但是，咖啡因不会一下子溶解掉，所以该步骤要反复进行，将咖啡因一点点从生豆中去除。溶解了咖啡因的水，只要用活性炭过滤一下，就能将咖啡因去除，还可以再次使用。这是一种既可以去除咖啡因，又不会损失生豆其他成分的好方法。虽然“瑞士水处理法”去除率相对较低，但可以更完整地保留咖啡的风味。

第二种方法是“二氧化碳处理法”，就是通过对压力与温度的调整，使咖啡因高效地从生豆中去除。在通常状态下二氧化碳是气体，但如果对其施加压力，就会出现拥有气液两种特质的状态（“超临界状态”）或液态。这种方法的咖啡因去除率很高。

七 咖啡豆的分级

咖啡生豆的等级，大多由各咖啡输出国自定，一般以产地海拔高度、咖啡生豆大小及瑕疵豆点数为主要的分级依据。

（一）以产地海拔高度界定

（1）中南美洲常用此种等级界定方式，巴西及哥伦比亚除外，但各国标准不同，一般高地的豆子品质较佳。

（2）海拔1 350米以上称为极硬豆（Strictly Hard Beans），又称为严选良制豆。

（3）海拔1 200—1 350米称为硬豆（Hard Beans），又称为上等咖啡豆。海拔1 050—1 200米称为半硬豆（Semi Hard），又称为中等咖啡豆。

（二）以咖啡生豆大小界定

以咖啡豆大小为分级依据，运用大小不同级数的过筛网将咖啡豆分级，主要使用此种分级方式的国家为肯尼亚、坦桑尼亚、哥伦比亚。表 1-7 为咖啡生豆粒径大小对照表。

图 1-27 筛网

表 1-7 关于咖啡生豆粒径大小

颗粒大小	区分	侧面的厚度（mm）	标示 1	标示 2	标示 3
20	平豆	7.95	Very Large Bean		
19		7.54	Extra Large Bean	AA	
18		7.14	Large Bean	A	1st Flats
17		6.75	Bold Bean		
16		6.35	Gold Bean	B	2nd Flats
15		5.95	Medium Bean		
14		5.56	Little Bean	C	3rd Flats
13	圆豆	5.16	Peaberry	PB	1st Peaberries
12		4.76			
11		4.30			2nd Peaberries
10		3.97			
9		3.57			3rd Peaberries
8		3.17			

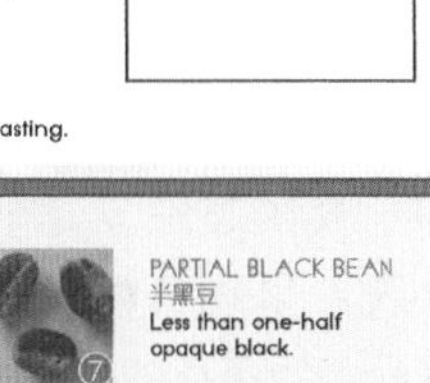

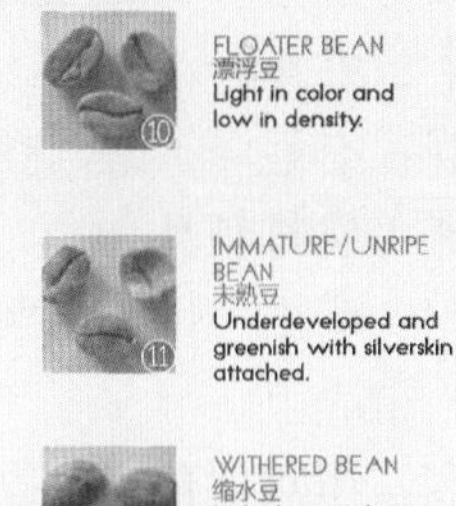
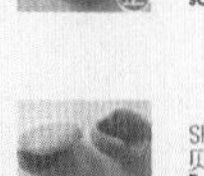

SPECIALTY GRADE 精品级
No Category I Defects Allowed. No more than 5 Full Defects.
QUAKER 浅色豆
An unripe bean that does not fully develop during roasting.
Specialty Grade – No quakers allowed
此外，精品级需经过杯测来评估确认。
SAMPLE WEIGHTS 取样克重：
Green Coffee ~350 grams | Roasted Coffee ~100 grams.
GREEN COFFEE MOISTURE CONTENT 生豆含水量：
Washed Coffees should be between 10-12% upon import
SCENT OF THE GREEN COFFEE 生豆气味：
Coffee must be free of foreign odor
BEAN SIZE 粒径大小：
No more than 5% variance from purchase contracted specification, measured by retention on traditional round-holed grading screens.
FULL BLACK BEAN 全黑豆 Predominately opaque black. ①
FULL SOUR BEAN 全酸豆 Predominately reddish or yellowish brown. ②
DRIED CHERRY/POD 干果/豆荚 Bean partially or fully enclosed in dark outer fruit husk. ③
FUNGUS DAMAGED BEAN 霉菌豆 Exhibiting yellowish or brownish fungal attack. ④
FOREIGN MATTER 外来物 Any non-coffee item, such as sticks or stones. ⑤
SEVERE INSECT DAMAGED BEAN 严重虫蛀豆 With three of more insect perforations. ⑥
PARTIAL BLACK BEAN 半黑豆 Less than one-half opaque black. ⑦
PARTIAL SOUR BEAN 半酸豆 Less than one-half reddish or yellowish-brown. ⑧
PARCHMENT/PERGAMINO BEAN 带壳豆 Partially or fully enclosed in dried parchment. ⑨
FLOATER BEAN 漂浮豆 Light in color and low in density. ⑩
IMMATURE/UNRIPE BEAN 未熟豆 Underdeveloped and greenish with silverskin attached. ⑪
WITHERED BEAN 缩水豆 Lightish green bean with a wrinkled surface. ⑫
SLIGHT INSECT DAMAGED BEAN 轻微虫蛀豆 With less than three insect perforations. ⑯
HULL/HUSK 咖啡果皮/果壳 Fragment of a dried cherry/pod. ⑮
BROKEN/CHIPPED/CUT 破损豆/缺口豆/切痕豆 A cut bean or fragment. ⑭
SHELL 贝壳豆 Part of a malformed bean consisting of a cavity. ⑬
GREEN COFFEE COLOR GRADIENT 咖啡生豆颜色变化
Unroasted coffee's color ranges from a blue-green to a pale yellow depending upon origin, processing or age.

TABLE OF DEFECT EQUIVALENTS 瑕疵换算表

Category 1 Defects	Full Defect Equivalents	Category 2 Defects	Full Defect Equivalents
Full Black 全黑豆	1	Partial Black 半黑豆	3
Full Sour 全酸豆	1	Partial Sour 半酸豆	3
Dried Cherry/Pod 干果/豆荚	1	Parchment/Pergamino 带壳豆	5
Fungus Damaged 霉菌豆	1	Floater Bean 漂浮豆	5
Foreign Matter 外来物	1	Immature/Unripe 未熟豆	5
Severe Insect Damage 严重虫蛀	5	Withered 缩水豆	5
		Shell 贝壳豆	5
		Broken/Chipped/Cut 破损豆/缺口豆/切痕豆	5
		Hull/Husk 咖啡果皮/果壳	5
		Slight Insect Damage 轻微虫蛀	10

图 1-28　SCAA 阿拉比卡咖啡生豆分级系统

（三）以瑕疵豆点数界定

咖啡生豆时常会掺杂些带壳豆、黑豆、死豆、碎豆、发霉豆等有瑕疵的豆子。瑕疵豆是咖啡风味有重大缺陷的原因，其形成可能出现在种植阶段、制作处理阶段、储存或运输阶段。

1. 瑕疵豆的类别

（1）全黑豆、局部黑豆。

外观：呈现黑色或局部黑色。

成因：多半为处理过程不当导致生豆感染而坏死，不宜饮用。

（2）全酸豆、局部酸豆。
外观：呈现橘黄色。
气味：刺鼻的酸败味。
成因：多为发酵过度而感染后酸败，不宜饮用。
（3）真菌感染豆。
外观：呈现黄褐色或斑点。
气味：酸败霉味。
成因：多为储存环境高温潮湿造成真菌入侵感染，不宜饮用。
（4）异物。
咖啡果以外的杂物，如树枝、石头等，不宜饮用。
（5）带皮干果。
外观：黑色的带皮干燥果实。
成因：多为日晒处理后未脱壳完全的干果，风味不佳。
（6）虫蛀豆。
外观：有蛀洞，蛀洞在三孔以上就算严重虫蛀豆。
气味：腐霉刺鼻。
成因：为虫害侵袭果实，不宜饮用。
（7）带壳豆。
外观：生豆外包裹硬壳。
成因：为加工不良，烘焙时易产生烟熏味。
（8）浮豆（白豆）。
外观：呈现不透明白色。
成因：储存环境湿热，生豆反复回潮，风味不佳。
（9）萎凋豆。
外观：呈现褶皱不均。
成因：咖啡树养分不足而影响果实发育，风味不佳。
（10）破碎豆。
外观：呈现破碎。
成因：多为在加工时，机器使用不当造成生豆破碎。
烘焙时因碎裂，故易焦黑。
（11）贝壳豆。
外观：形似贝壳。
成因：多为基因遗传，因此部分品种出现比例较高。
烘焙时易受热不均，导致烧焦。
（12）未熟豆。
外观：银皮包裹生豆，不宜去除。
成因：采收的果实未完全成熟，风味不佳。
其他还有破裂豆、红皮豆（自然干燥的过程中遇到下雨的豆子，味道平淡单调）、发育不良豆（养分不足而停止生长的小颗粒豆子，味道浓重）等，有时还会混入玉米粒或者胡椒粒等。

2. 瑕疵豆点数分级

每个国家都有自己的分级制度，表 1-8 为美国精品咖啡协会（SCAA）的分级。

表 1-8　瑕疵豆点数分级

等级	简称	瑕疵标准（每 300 克生豆）
特极品 Speciality	G1	0～5 颗
高级品 Premium Grade 2	G2	5～8 颗
商业用 Exchange Grade 3	G3	9～23 颗
次极品 Below Standard Grade 3	G4	24～86 颗
下级品 Off Grade 3	G5	86 颗以上

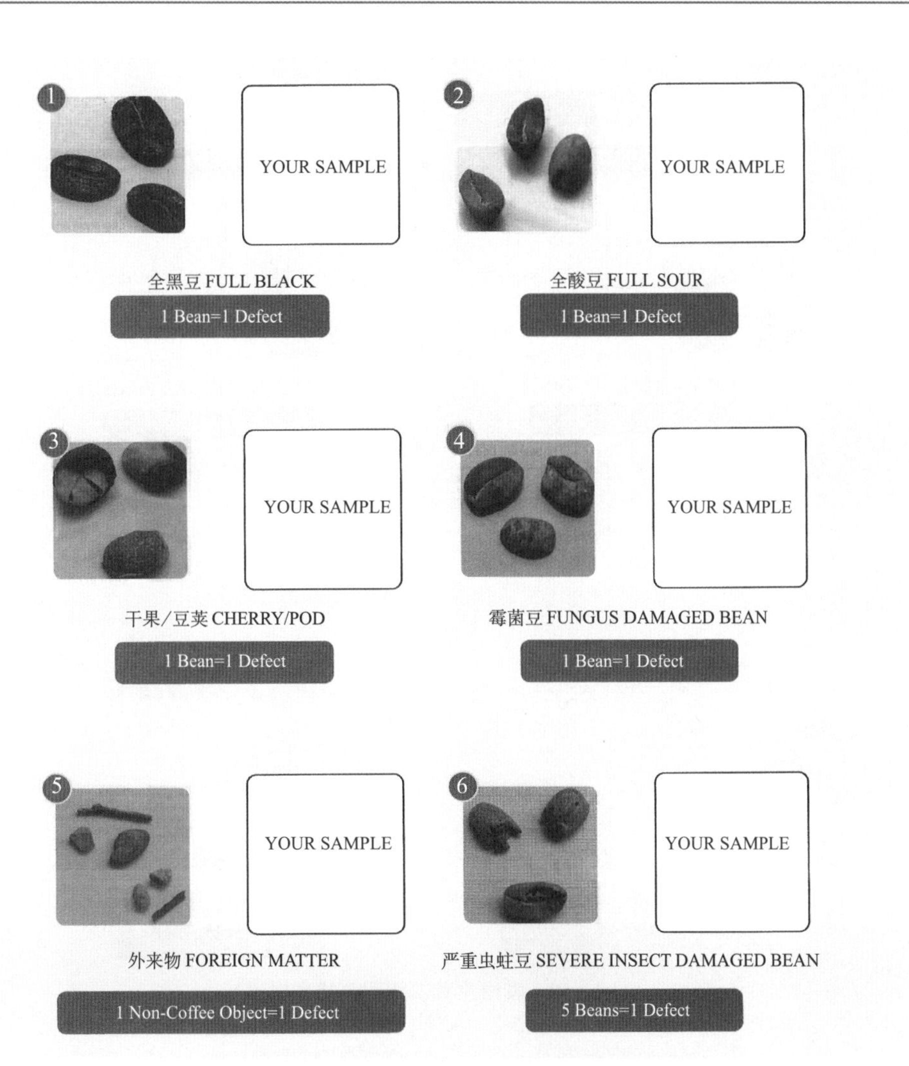

图 1-29　咖啡生豆一级瑕疵样图对照

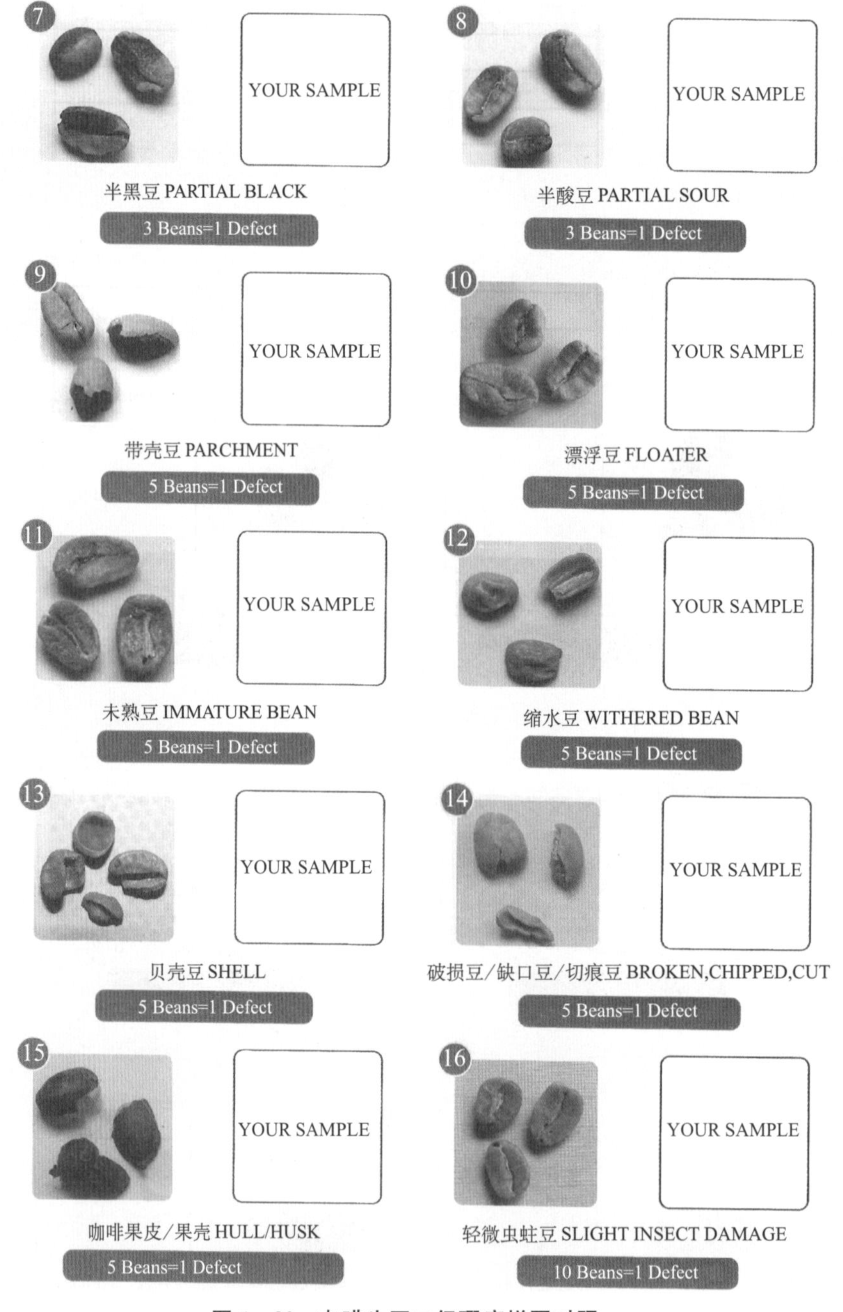

图 1－30　咖啡生豆二级瑕疵样图对照

表 1-9　阿拉比卡种咖啡生豆分级测试表

Name 姓名：________　　日期：________

BOX CODE 盒子编号：________　SCA GRADE 等级：________　TOTAL DEFECT 总分数：________

DEFECT TYPE 缺点形式	Number of Defects per Box 缺点豆数/盒 Number 数目		Grade Equivalent for 350 Grams 缺点分数/350g 350Grams=
CATEGORY 1 / 种类 1			
Full Black / 全黑豆	________	/	________
Full Sour / 全酸豆	________	/	________
Cherry/Pod / 干果/豆荚	________	/	________
Fungus Damage / 霉菌豆	________	/	________
Severe Insect Damage / 严重虫蛀豆	________	/	________
Foreign Matter / 外来物	________	/	________
	Total Primary Defects 总 1 级瑕疵点数：________		

DEFECT TYPE 缺点形式	Number of Defects per Box 缺点豆数/盒 Number 数目		Grade Equivalent for 350 Grams 缺点分数/350g 350Grams=
CATEGORY 2 / 种类 2			
Partial Black / 半黑豆	________	/	________
Partial Sour / 半酸豆	________	/	________
Parchment / 带壳豆	________	/	________
Floater / 漂浮豆	________	/	________
Immature Bean / 未熟豆	________	/	________
Withered Bean / 缩水豆	________	/	________
Shell / 贝壳豆	________	/	________
Broken/Chipped/Cut/破损豆/缺口豆/切痕豆	________	/	________
Hull/Husk/咖啡果皮/果壳	________	/	________
Slight Insect Damage/轻微虫蛀豆	________	/	________
	Total Secondary Defects 总 2 级瑕疵点数：________		

Color / 颜色				Odor / 气味
Blue-Green 蓝-绿	Bluish-Green 浅蓝-绿	Green 绿	Greenish 浅绿	Foreign Oder / Clean 杂味 / 干净
Yellow-Green 黄-绿	Pale Yellow 白黄	Yellowish 淡黄	Brownish 褐色	

外在因素 Extrinsic Factors

气候 Climate
海拔高度 Latitute/Altitude
温度 Temperature
降雨 Rainfall

土壤 Soils
结构 Structure
成分 Composition
酸碱值 pH/EC

内在因素 Intrinsic Factors

基因 Genetype
种类/品种 Species/Variety
差异 Diversity
适应性 Adaptation

作物系统 Cropping Systems
植株种植密度 Tree Density
荫植 Shade
剪枝系统 Pruning System

处理方法 Processing Methods
采摘 Picking
发酵 Fermentation
干燥 Drying

图 1－31　影响咖啡豆质量的因素

批次编号：Lot Code
批次规格：Aprox. Lot Size
杯测得分：Cupping Score
地区名称：Region
庄园名称：Farm's Name
庄园规模：Size of farm
年产量：Annual production
认证情况：Certifications
获奖经历：Awards
庄园主：Owner

最低海拔：Min. Altitude
最高海拔：Max. Altitude
种植品种：Variety of Coffee
平均温度：Average Temperature
年降雨量：Annual Rainfall
土壤：Type of Soil and Predominant
遮荫树：Shade Tree
采收开始：Beginning of Harvest
采收结束：End of Harvest
相对湿度：Relative Humidity
鲜果处理：Mill in the Farm
干燥处理：Drying Process

图 1-32　微批次精品咖啡完整档案

咖啡小知识

精品咖啡与优质咖啡指的是什么？

如果只是普通产地的咖啡豆，就是我们平时说的主流咖啡或日常咖啡；如果是比较稀有的限定产地、庄园、品种的咖啡豆，则被称为优质咖啡。精品咖啡也是优质咖啡的一种。

精品咖啡已经形成了一个不同于主流咖啡的销售市场。精品咖啡往往具有优良的品质。用来评判主流咖啡好坏的重点是对异味（咖啡中不好的味道）的评估，如果咖啡中的异味非常少，标价也会高，倘若比精品咖啡还要优良，那么价格甚至会高过精品咖啡。

精品咖啡这个词是1974年由美国精品咖啡协会（SCAA）主席尔娜·克努森（Erna Knutsen）女士在 *Tea&Coffee Trade Journal* 杂志上首次使用的。她将在微气象学理论下产生的风味极佳的咖啡称为精品咖啡。

在精品咖啡市场中，虽然对其味道评估的标准是中肯的，但精品咖啡这个词越来越向"优质咖啡"的含义靠拢。我们应该将咖啡品种的稀有度、种植园名称、品种所带来的产品附加值与咖啡风味区别对待。稀有程度、种植园名称、品种这些会让消费者产生购买欲，这是"物以稀为贵"的道理，但是和本身的品质并不能画绝对的等号。在毫无名气的主流咖啡中，也有不少比优质咖啡的味道还要好的品种。

八　常见的单品咖啡

单一产区所生产出的咖啡称为单品咖啡，每一种单品咖啡都有自己独特的味道及等级标准。不同生产地区等级亦不同，一般以生产地的海拔高度、咖啡豆大小、瑕疵率区分等级，如哥斯达黎加以生产地的海拔高度区分等级，哥伦比亚及肯尼亚以过滤网区分等级，巴西以瑕疵豆点数及过滤网区分等级，等级不同，味道也会有所不同。学习单品咖啡需要了解每一种咖啡的特性。

（一）蓝山咖啡

蓝山咖啡是咖啡中的极品，产于西印度群岛牙买加岛的蓝山山脉，且须种植于1 800米以上的高度才能称为牙买加蓝山。在海拔457—1 524米种植的咖啡称为高山咖啡，在海拔274—457米种植的咖啡称为牙买加咖啡。蓝山咖啡产量不多，约占25%，味道香醇、口感柔润、风味佳，只有4个行政区——圣安德鲁地区（St. Andrew）、波特兰（Portland）、圣玛丽（St. Mary）与圣托马斯（St. Thomas）生产的蓝山咖啡才能称为正宗的蓝山咖啡，适合中度烘焙及高度烘焙。

（二）科那咖啡

科那咖啡种植于美国夏威夷，美国有50个州，只有夏威夷群岛适合种植咖啡。夏威夷群岛由19个岛屿与珊瑚礁组成，目前有5个岛屿种植咖啡豆，分别为夏威夷岛、瓦湖岛、毛伊岛、考艾岛、毛罗卡岛，不同岛屿生产出的咖啡风味不同。

夏威夷科那地区所种植的科那豆最为知名，以阿拉比卡为主要的品种，种植于西部和南部。咖啡树遍布莫纳罗亚及Hualalai火山的斜坡上，这里有火山灰的肥沃土质、温和的气候，午后风起云涌，在特殊的环境下生长出的咖啡豆品质极佳，豆型饱满，具有适中的酸度、浓郁的口感、焦糖般的甜味，可分为特好（Extra Fancy）、好（Fancy）、一号（Number One）三个等级。

科那豆于19世纪开始种植，必须是科那地区生产的才能称为夏威夷科那，产量有限，市面上除了有百分之百夏威夷科那豆外，亦有科那混合豆（Kona Blend），适合中度烘焙及高度烘焙。

（三）哥伦比亚咖啡

哥伦比亚位于北纬3到8度之间，纬度低，海拔高，具有得天独厚的地理优势，为水洗咖啡及优质咖啡的最大出产国，也是世界第三大咖啡出产国。其咖啡主要产于中部及东部山脉，沿着中部山脉，重要的栽种咖啡的地区为阿尔曼尼亚（Armenia）、麦德林（Medellin）、马尼萨莱斯（Manizales），此三大产区生产的咖啡豆为商业用豆，以麦德林地区所产的咖啡豆品质最佳。

哥伦比亚咖啡产于1 500米的安第斯山脉，耕种面积不大，品质整齐，口味温和、酸中带甘，适合中度烘焙及高度烘焙。

（四）巴西咖啡

巴西共有26个州，其中17个州种植咖啡豆，占全球总产量的1/3，为全球咖啡最大生产国。巴西咖啡依据咖啡的产地与出港口分类，主要出产于圣保罗州、巴拉那州、圣艾斯皮里图州、巴伊亚州，以罗布斯塔种及阿拉比卡的波本种为主要品种。

巴西咖啡豆种植的区域较平坦，约种植于海拔1 200米以下，因此味道香醇、酸苦适中、甘滑平顺，适合调配综合咖啡，但不算是精品咖啡。因为巴西是咖啡豆最大出产国，所以巴西的农业研究所及巴西咖啡研究发展协会致力于研究更好的咖啡品质，出产更好的精品咖啡。巴西三大精品咖啡地区为南米纳斯、喜拉朵及摩奇安纳。

巴西圣多斯港口出产的圣多斯商用咖啡豆最有名。圣多斯咖啡并没有固定的咖啡产区，把17—18目的咖啡豆都集结在一起于巴西圣多斯港口出口，以日晒法为主，是巴西出口量最大的咖啡。

（五）曼特宁咖啡

曼特宁咖啡产于印度尼西亚的苏门答腊中北部，托巴湖西南岸的林东行政区，种植高度约900—1 200米。此区域由于水源不足，本应使用日晒法处理咖啡豆，但因品质不佳，改为半水洗法。苏门答腊气候潮湿，需晒约半天至一天，就必须将未完成干燥的咖啡送于晒豆场或机器烘干，这样创造出的咖啡风味独特，口味浓郁丰富，甘、香、苦、浓厚，主要品种为阿拉比卡种。

主要出口的有曼特宁咖啡与林东曼特宁咖啡，适合高度烘焙及城市烘焙。

（六）爪哇咖啡

爪哇咖啡产于印度尼西亚的爪哇岛，以罗布斯塔种为主要品种，但早期以阿拉比卡种为主，品质极佳。

19世纪时，因受到虫害，改种耐虫性佳的罗布斯塔种，酸度低、口感均匀，但市场也不如以往，适合高度烘焙及城市烘焙。

（七）越南咖啡

越南为全球咖啡第二大出产国，越南咖啡种植面积约 50 万公顷，以南部的罗布斯塔种及北部的阿拉比卡种为主，主要代表性的咖啡为中元 G7 咖啡与高地咖啡。

（八）摩卡咖啡

15 世纪时，也门摩卡是红海附近的主要输出商港，当时只要从摩卡港口出口的咖啡都称为摩卡咖啡，又称为埃塞俄比亚咖啡。但百年后的今天，非洲已经不再依赖此港口，他们发展出自己的港口如蒙巴萨港、德班港、Beive 港。正宗的摩卡咖啡产于阿拉伯半岛的也门共和国，其次为埃塞俄比亚的摩卡咖啡。摩卡咖啡风味独特，强酸、弱甘，具有巧克力的风味。

（九）耶加雪菲

耶加雪菲产于非洲埃塞俄比亚的耶加雪菲小镇，位于西达莫省西北部，种植高度为 1 700—2 100 米，主要有水洗法及日晒处理法，日晒法最高等级为 G3/G4，水洗法最高等级为 G1/G2，一般比较常见的水洗豆等级为 G2。G1 为 2002 年以新的处理方式创造的等级，产量稀少。耶加雪菲有柠檬、柑橘的果香。

常见的咖啡及其特性如表 1－10 所示。

表 1－10　常见的咖啡及其特性

咖啡特性	酸	甘	醇	苦	香
蓝山咖啡	弱	强	强		强
哥伦比亚咖啡	中	强	强		中
摩卡咖啡	强	中	强	弱	强
曼特宁咖啡			强	强	强
巴西咖啡		弱		弱	弱
夏威夷科那咖啡	弱	强	强		强
爪哇咖啡		弱	中	强	弱

九　咖啡研磨

研磨咖啡豆时，必须视萃取的方式而定，不同的冲煮法所使用的咖啡豆、研磨器具及时间均不同。

（一）研磨咖啡的注意事项

研磨咖啡刻度要平均，咖啡豆研磨得越细，冲煮的时间越短，可溶成分越多，苦味也较弱，酸味也取而代之。

（二）研磨咖啡所产生的热度

研磨咖啡时所产生的热度会影响咖啡的风味，除研磨会影响咖啡的热度外，咖啡豆本身也会产生热度：浅烘焙的咖啡豆质地较硬，容易产生摩擦；深烘焙的咖啡豆因水分蒸发，质地较脆弱，不容易产生热度。因此，必须了解所烘焙咖啡的方式从而选择适合的磨豆机。不同机型的磨豆机的功能亦不同。

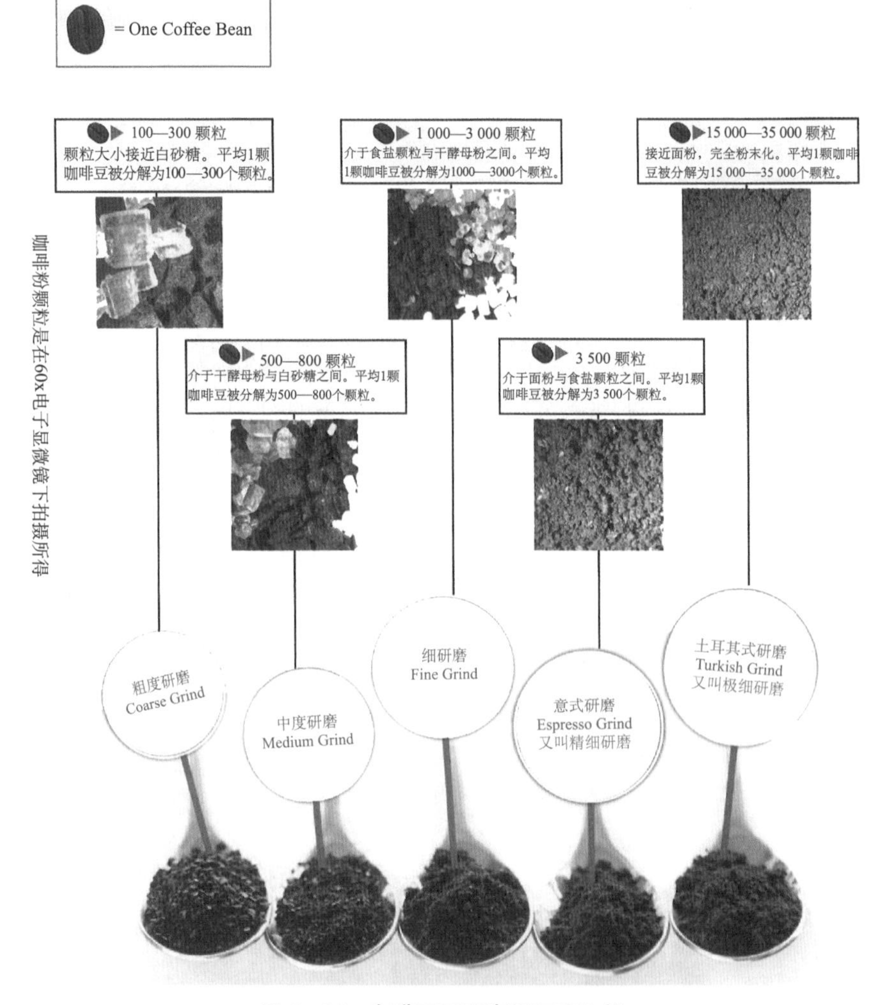

图 1-33　咖啡不同研磨粗细度比较

（三）常见的磨豆机类型

1. 刀片式

电动磨豆机。运用刀片快速旋转来研磨咖啡，由研磨时间来调整咖啡粉的粗细，属一般家庭用磨豆机。

2. 磨盘式

电动磨豆机。运用磨盘间隙挤压的方式研磨咖啡，研磨速度均匀且快速，机型不同，所研磨的咖啡粉粗细亦不同，属于营业用磨豆机。

3. 锥式齿轮式

电动磨豆机。运用齿轮间隙挤压的方式研磨咖啡，研磨速度均匀且快速，属于营业用磨豆机。

手动磨豆机。运用手摇电动齿轮间隙挤压的方式研磨咖啡，可调整粗细，属一般家庭用磨豆机。

图 1-34 不同类型的手动磨豆器

(四) 常见的营业用磨豆机

1. 电动磨豆机

基本适合各式咖啡器具，但不适合制作压力式咖啡，因无法磨出压力式咖啡需要的较细的粉末。

电动磨豆机研磨的粗细可分为 10 段，号数越小，磨的粉末越细，号数越大，磨的粉末越粗。电动磨豆机可分为家庭用及营业用，一般家庭用的磨豆机马力较低，很容易发热，因此保险丝很容易烧掉，营业用磨豆机则没有此类问题。

图 1-35 不同类型的电动磨豆器

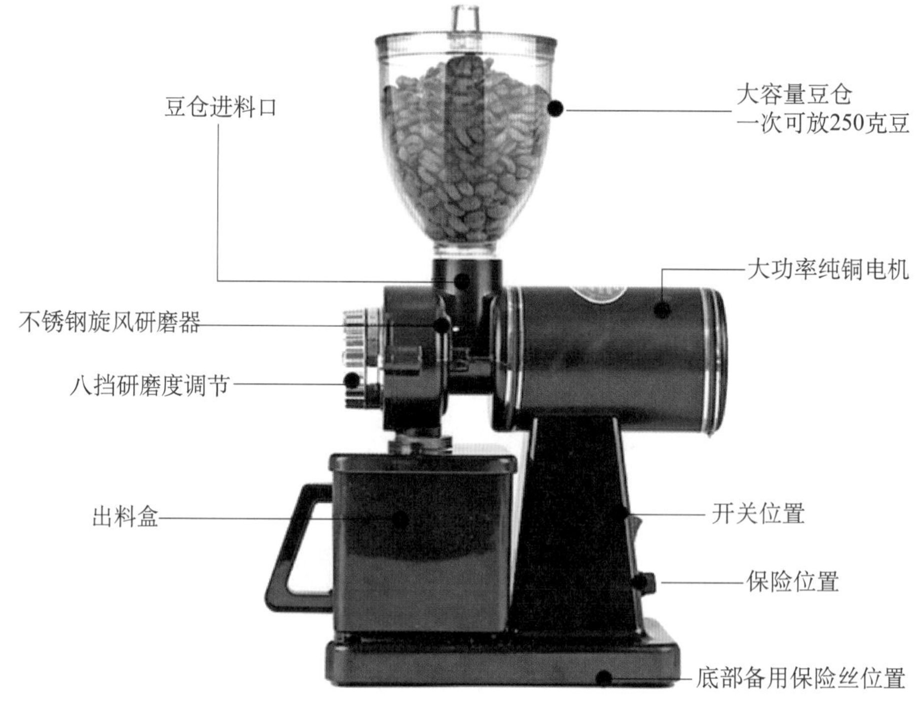

图 1-36 电动磨豆机功能图

2. 压力式磨豆机

适用于所有的咖啡器具，专为营业使用，可快速地研磨咖啡，不论何种需求均可研磨，极细研磨、细研磨、中研磨、粗研磨均可完成，但因全球均制造此类磨豆机，不同机型的磨豆机的研磨粗细均不同。在中国有很多此类磨豆机，研磨的粗细分为10段，因此使用压力式磨豆机时需注意研磨的粗细度选择。

（五）适合不同冲泡法的研磨度

不同咖啡工具所需的冲泡法及研磨度如表1-11所示。

表 1-11 不同咖啡工具所需的冲泡法及研磨度

工具类型	冲泡法	研磨度
土耳其咖啡壶	用土耳其咖啡壶冲煮咖啡所需的咖啡豆，必须磨至细粉状，才能在冲煮过程中萃取出完整的风味。大多数的磨豆机无法做到，需要用特别的手摇磨豆机。	极细研磨
意式咖啡机	意式浓缩咖啡是最不能容许失误的冲煮法，咖啡粉的颗粒大小必须恰到好处，才能萃取出均匀的风味。	细研磨
手冲咖啡	中研磨的咖啡豆适合许多冲煮法，包括滤泡式、滤布式、摩卡壶、电动滴滤式及冰滴式。可在容许范围内增减咖啡豆的分量，磨出个人偏好的研磨度。	中研磨
法压壶	法压壶无过滤装置，因此水分有充足的时间渗透到粗研磨的咖啡豆细胞结构中，有助于分解可溶的宜人物质，同时避免过度的苦味。	粗研磨

咖啡小知识

为什么要研磨咖啡豆？怎么区别咖啡粉颗粒大小的种类？

通常我们会将买来的咖啡豆磨碎后使用，这是为了方便提取咖啡豆中的有效成分。研磨后的咖啡豆，表面积会增加 1 000 倍左右，这样，我们只用几分钟就能做好一杯咖啡。

想把咖啡豆磨到什么样的程度，就把咖啡磨豆机（粉碎机）设定到相应的挡位再研磨就可以了，调节和操作都非常简单。粗磨粉的颗粒要比原糖的颗粒大，中度粉的颗粒和砂糖颗粒差不多大，中度偏细的颗粒大小介于中度粉与细磨粉之间，细磨粉的颗粒大小介于绵白糖和砂糖之间，极细粉的颗粒比细磨粉的颗粒要小。

咖啡粉颗粒的大小，对溶解方式与过滤速度都有很大的影响。因此，我们要根据器具和萃取方法选择合适的颗粒。极细粉主要用于意大利浓缩咖啡；细粉主要用于简易萃取型咖啡（把一杯份的粉放入滤纸，然后将其挂在杯中）；中度偏细和中度粉主要用于滤纸滴漏式咖啡和虹吸式咖啡；粗磨粉可用于法式压力壶制作咖啡。

十　咖啡烘焙

咖啡烘焙也称为炒咖啡生豆，借由烘焙的过程所产生的热度，使咖啡豆内部的结构产生热分解，豆子除去水分，产生化学变化，伴随挥发性的香气。

咖啡的风味随着烘焙程度不同而呈现不同的味道，烘焙的颜色越浅，咖啡越酸，烘焙的颜色越深，咖啡越苦。

图 1－37　咖啡豆烘焙

图 1-38　咖啡烘焙机

图 1-39　烘焙机对咖啡豆进行散热处理

（一）咖啡烘焙方法

传统烘焙的方法大致分为三种：直火式、热风式、半热风式，均有自己的特色。

1. 直火式

将生豆放入滚筒中，一热管直接接触豆子，其特征为豆子的水分不易流失。因为热管直接接触豆子，所以咖啡豆表面容易着色，但咖啡的内部有时不容易均匀，香味较明显，酸度较低，口味较不匀称。

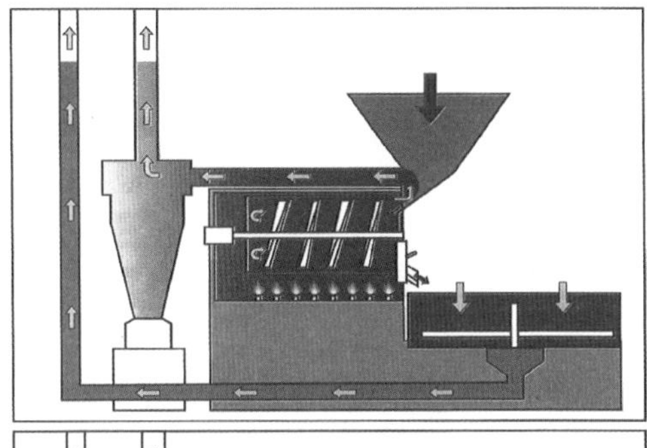

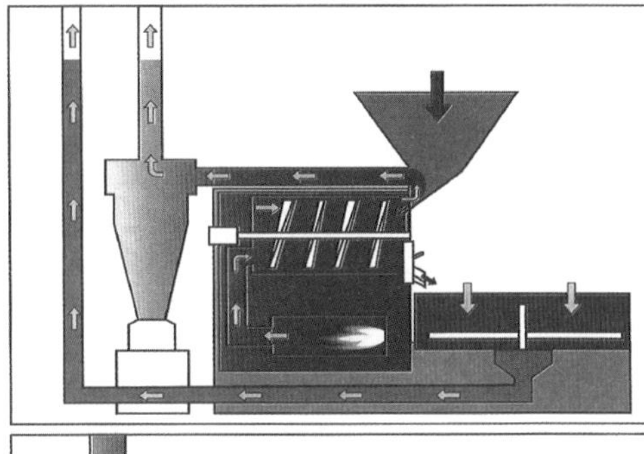

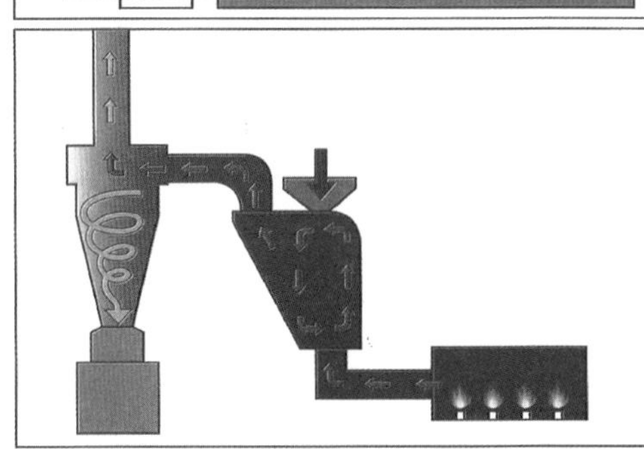

图 1－40　常见咖啡烘焙机结构示意图

2. 热风式

以热风使咖啡豆在闷热的气流中均匀炒热，豆子不直接接触热管或火，所以没有直火式的香味，但味道较均衡。

3. 半热风式

以铁板包覆滚筒，除火加热外，热风由滚筒后方送入，豆子不直接接触热管或火，味道均匀，口感分明，为目前使用度最高的烘焙方式。

生豆通过烘焙，刚开始被加热的前几分钟，会产生脱水状态，生豆含有约 10% 的水分时豆子的颜色由绿转黄，并散发出青草味。摄氏 200 多度的温度，使咖啡产生了多次化学变化，使咖啡达到完美的平衡，尤其在烘焙的过程中会产生爆裂声，大约可分为第一爆和第二爆，这样可以使咖啡的香、甘、醇、苦、酸释放出来。

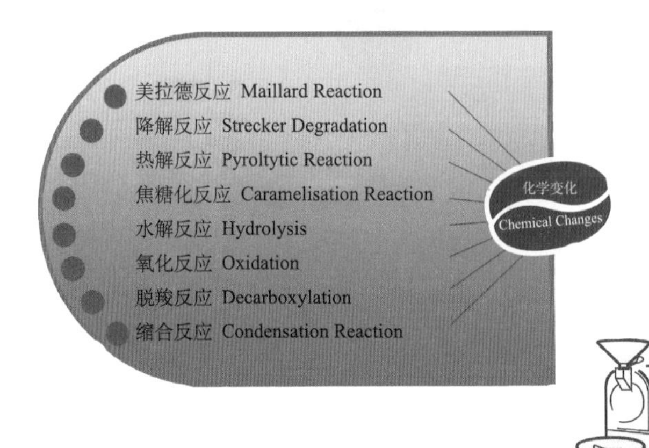

图 1-41 咖啡烘焙过程中的物理及化学变化

不同烘焙阶段的咖啡豆的特征如表 1-12 所示。

表 1-12 不同烘焙阶段的咖啡豆的特征

烘焙阶段	特征	各国的喜好	阶段
	最轻度的烘焙，无香味及浓度可言	试验用	轻
	一般通俗的烘焙，留有强烈的酸味，豆子呈肉桂色	为美国西部人士喜爱	轻
	中度烘焙，香醇，酸味可口	主要用于混合式咖啡	中度
	酸味中带有苦味，适合蓝山及乞力马扎罗等咖啡	为日本、北欧人士喜爱	中度（微深）
	苦味较酸味为浓，适合哥伦比亚及巴西的咖啡	深受纽约人士喜爱	中度（深）
	适合冲泡冰咖啡，无酸味，以苦味为主	中南美人士饮用	微深
	法国式的烘焙法，苦味强劲，色泽略带黑色	用于蒸汽加压器煮的咖啡	深度

续前表

烘焙阶段	特征	各国的喜好	阶段
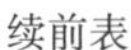	意大利式的烘焙法，色黑、表面泛油	意大利式蒸汽加压咖啡用	重深度

（二）咖啡烘焙要点

1. 第一爆

生豆未烘焙时本身都含有些水分，刚开始烘焙时会先将水分抽离，直到温度约190—200摄氏度左右时，会产生第一次爆裂声，咖啡豆里的糖类开始焦糖化，糖类分子中的水与二氧化碳分离，咖啡豆的化学放热反应产生大量的热量。

2. 第二爆

约205摄氏度时温度会逐渐上升，咖啡外表的颜色会逐渐加深，芳香的油脂释放出来，至230摄氏度后咖啡会产生第二次爆裂声，咖啡豆的表面开始出油，冒出的烟越来越大，刺激的味道越来越重。

烘焙的过程会影响咖啡的风味，同一种咖啡在不同的温度烘焙味道亦不同，烘焙的颜色越浅，咖啡的味道越酸，烘焙的颜色越深，咖啡的味道越苦，烘焙豆子时需依咖啡的特性而决定烘焙的程度，并非将每一种咖啡豆都炒到第二爆。

3. 急速降温

咖啡豆加热后需要急速降温，若没降温，豆子蕴含的热度会使豆子更黑且油腻，味道也会改变，所以需将炒好的豆子急速降温。

（三）咖啡豆的烘焙程度

咖啡豆依烘焙的程度不同分为浅度烘焙、中度烘焙、深度烘焙。

酸性咖啡：夏威夷、墨西哥、摩卡、哥伦比亚、哥斯达黎加、萨尔瓦多。

苦味咖啡：爪哇、曼特宁、刚果、乌干达、安哥拉。

甜味咖啡：蓝山、夏威夷科那、墨西哥、巴西圣多斯、海地。

中性咖啡：巴西、萨尔瓦多、哥斯达黎加、古巴。

1. 浅度烘焙

豆子酸性强，常用于制作罐装咖啡。

（1）浅烘焙：呈淡淡的肉桂色，风味均匀，酸性强，香味不足。

（2）肉桂烘焙：香味尚可，酸性强，属于美式常使用的烘焙方式。

2. 中度烘焙

可将咖啡的风味呈现出来，均匀地将咖啡的5个味道——香、甘、醇、苦、酸呈现出来。

（1）中度烘焙：香味佳，酸性柔和，适合混合其他咖啡，适合蓝山咖啡的烘焙，属于美式烘焙。

（2）强烘焙：香味强，酸性较弱，带苦味，适合摩卡咖啡的烘焙。

（3）城市烘焙：苦味，酸味均衡。

3. 深度烘焙

豆子苦味强，适合制作冰咖啡、美式咖啡、法式咖啡等。

（1）城市烘焙：苦味强，适合制作冰咖啡。

（2）法式烘焙：苦味强，适合制作冰咖啡、法式咖啡及美式咖啡。

（3）意大利烘焙：苦味强，适合制作冰咖啡和美式咖啡。

不同烘焙所产生的咖啡的味道亦不同，所以了解不同的咖啡特性，才能将咖啡烘焙得更好。

（四）烘焙阶段

最好采用新鲜优质的咖啡生豆，劣质或存放已久的生豆再怎么烘焙也没有用，顶多只能借由深烘焙后的焦味掩盖其平淡、单调并带有麻布袋味的口感而已。

整个烘焙时间大概要控制在10—20分钟，时间过短，豆子会太生而涩；时间过长，豆子口感平淡而空洞。若是使用电动烘豆机，遵照使用手册操作即可。

咖啡豆在烘焙过程中会产生变化，体积会增加，表面变光滑，并且散发出一系列的香气。

咖啡豆烘焙的过程如表1－13所示。

表1－13 咖啡豆烘焙的过程

时间	状态	过程
0分钟	尚未烘焙的生豆	生豆在烘焙前为绿色，若是直接拿来冲煮咖啡，则会透出植物的味道。
3分钟	高压	随着咖啡豆中水分的温度上升，其内部的压力逐渐累积，颜色则持续加深。部分豆子会转为看似烘焙完成的棕色调，不过一旦到达下一个关键步骤——第一爆，又会短暂地稍微变白。
6分钟	干燥阶段	烘焙初期称为干燥阶段，此时咖啡豆由绿转黄再变为浅褐色。在此阶段中，水分会蒸发，酸类会起反应而分解，使豆子不再有植物的原味，闻起来像爆米花或吐司面包的味道，至于颜色的变化让豆子看似长了皱纹。
9分钟	第一爆	蒸汽压力最后将使咖啡豆细胞组织破裂，发出有点像是爆米花的啵啵声。此时豆子的体积增大，表面变光滑而颜色更均匀，并开始有咖啡的味道。若是冲煮方式为滤泡或法式压壶，则在第一爆后1—2分钟即停止烘焙。
13分钟	烘焙阶段	糖分、酸类及其他化合物一一反应，形成其风味。其中酸类会分解，糖分会焦糖化，细胞结构会变干而脆弱。

续前表

时间	状态	过程
16 分钟	第二爆	最后将达到由气体压力所引起的第二爆，油脂被逼出到豆子易碎的表面。很多用作意式浓缩咖啡的豆子即烘焙至第二爆开始或中间的阶段为止。
20 分钟	第二爆后	咖啡豆原始的风味已所剩无几，几乎被炭烤、烟熏及苦味取代。而随着油脂渗到表面并氧化，很快便产生浓烈的气味。

表 1-14　咖啡粉值对照表

烘焙程度参考	美食风味指数	商业风味指数	SCAA 色卡
尚未发展	105	79	
进入一爆	100	75.4	
一爆密集	95	71.7	#95
非常浅焙	90	68	
一爆尾段至结束	85	64.3	#85
	80	60.6	
一爆结束后	75	56.9	#75
	70	53.1	
二爆前沉寂期	65	49.4	#65
	60	45.7	
部分进入二爆	55	42	#55
	50	38.3	
二爆开始至密集	45	34.6	#45
	40	30.8	
二爆密集	35	27.1	#35
	30	23.4	
二爆尾段	25	19.7	#25
极度深焙	20	16	
焦炭	0	1.1	

表 1－15　咖啡烘焙记录分析表（Giesen 等适用）（一）

___/__/__批次＃_______　环境温度___℃　湿度___%　烘焙师_______

Room temp　Room humidity　Roast master

品名：							处理法：		生豆克重 Green Bean　g	
Time 时间		BT 豆温	RoR 斜率 ℃/30s	风温	SET 风温设定	火力 Power	风压 Pressure	滚筒转速	生豆水活性 AW	
0	00	℃		℃	℃		Pa	Hz	豆表 Agtron（B）	#
		℃		℃	℃		Pa	Hz	豆粉 Agtron（G）	#
		℃		℃	℃		Pa	Hz	差值 Agtron（Δ）	#
		℃		℃	℃		Pa	Hz		
		℃		℃	℃		Pa	Hz		
		℃		℃	℃		Pa	Hz		
		℃		℃	℃		Pa	Hz		
		℃		℃	℃		Pa	Hz		
		℃		℃	℃		Pa	Hz		
		℃		℃	℃		Pa	Hz		
		℃		℃	℃		Pa	Hz		
		℃		℃	℃		Pa	Hz		
		℃		℃	℃		Pa	Hz		
		℃		℃	℃		Pa	Hz		
		℃		℃	℃		Pa	Hz		
		℃		℃	℃		Pa	Hz		
		℃		℃	℃		Pa	Hz		
		℃		℃	℃		Pa	Hz		
		℃		℃	℃		Pa	Hz		
		℃		℃	℃		Pa	Hz		
		℃		℃	℃		Pa	Hz		
		℃		℃	℃		Pa	Hz		
		℃		℃	℃		Pa	Hz		
		℃		℃	℃		Pa	Hz		
		℃		℃	℃		Pa	Hz		
		℃		℃	℃		Pa	Hz		
		℃		℃	℃		Pa	Hz		

回温 TP：_：_ | ___℃

黄变 YE：_：_ | ___℃

肉桂 CI：_：_ | ___℃

一爆 FC：_：_ | ___℃

二爆 SC：_：_ | ___℃

发展 DT：_：_

结束 End：_：_

MTR　%	DTR　%

ΔT_{DT} =　℃

冷却时长 Cool T_：_<30℃

升温比 RoR		
	TP-YE Phase 1	℃/min
	YE-FC Phase 2	℃/min
	FC-End Phase 3	℃/min

备注 Notes：

	Before（x）	After（y）	%difference
重量 Weight			
体积 Volume			
密度 Density			
含水量 Moisture			

第 1 - 16　咖啡烘焙记录分析表（Giesen 等适用）（二）

____/__/__批次＃________　环境温度____℃　湿度____%　烘焙师________

Room temp　Room humidity　Roast master

品名：　处理法：　生豆克重 Green Bean　g

Time 时间		BT 豆温	RoR 斜率 ℃/30s	风温	SET 风温设定	火力 Power	风压 Pressure	滚筒 转速
0	00	℃		℃	℃		Pa	Hz
		℃		℃	℃		Pa	Hz
		℃		℃	℃		Pa	Hz
		℃		℃	℃		Pa	Hz
		℃		℃	℃		Pa	Hz
		℃		℃	℃		Pa	Hz
		℃		℃	℃		Pa	Hz
		℃		℃	℃		Pa	Hz
		℃		℃	℃		Pa	Hz
		℃		℃	℃		Pa	Hz
		℃		℃	℃		Pa	Hz
		℃		℃	℃		Pa	Hz
		℃		℃	℃		Pa	Hz
		℃		℃	℃		Pa	Hz
		℃		℃	℃		Pa	Hz
		℃		℃	℃		Pa	Hz
		℃		℃	℃		Pa	Hz
		℃		℃	℃		Pa	Hz
		℃		℃	℃		Pa	Hz
		℃		℃	℃		Pa	Hz
		℃		℃	℃		Pa	Hz
		℃		℃	℃		Pa	Hz
		℃		℃	℃		Pa	Hz
		℃		℃	℃		Pa	Hz
		℃		℃	℃		Pa	Hz
		℃		℃	℃		Pa	Hz
		℃		℃	℃		Pa	Hz

生豆水活性 AW	
豆表 Agtron（B）	＃
豆粉 Agtron（G）	＃
差值 Agtron（Δ）	＃

回温 TP：__：__ | ____℃

黄变 YE：__：__ | ____℃

肉桂 CI：__：__ | ____℃

一爆 FC：__：__ | ____℃

二爆 SC：__：__ | ____℃

发展 DT：__：__

结束 End：__：__

MTR　%　　DTR　%

$\Delta T_{DT}=$　℃

冷却时长 Cool T__：__<30℃

升温比 RoR	TP-YE Phase 1	℃/min
	YE-FC Phase 2	℃/min
	FC-End Phase 3	℃/min

备注 Notes：

	Before（x）	After（y）	%difference
重量 Weight			
体积 Volume			
密度 Density			
含水量 Moisture			

表 1-17　咖啡烘焙记录分析表（FUJIROYAL. Proaster 等适用）（一）

____/__/__批次＃________　环境温度____℃　湿度____%　烘焙师________
Room temp　Room humidity　Roast master

烘焙计划		预热	开始	烘焙中的调整Adjustments during roast(BT)...						
	温度	╳								
	火力									

品名：				处理法：			生豆克重 Green Bean g	
动作/状态	mm	ss	豆温	风温	火力	风力	生豆水活性 AW	
	00	00	℃	℃			豆表 Agtron（B）	＃
							豆粉 Agtron（G）	＃
							差值 Agtron（Δ）	＃

回温 TP：__：__｜____℃
黄变 YE：__：__｜____℃
肉桂 CI：__：__｜____℃
一爆 FC：__：__｜____℃
二爆 SC：__：__｜____℃
发展 DT：__：__
结束 End：__：__

MTR	DTR
%	%

$\Delta T_{DT}=$　℃

冷却时长 Cool T__：__<30℃

升温比 RoR		
	TP-YE Phase 1	℃/min
	YE-FC Phase 2	℃/min
	FC-End Phase 3	℃/min

备注 Notes：

	Before(x)	After(y)	%difference
重量 Weight			
体积 Volume			
密度 Density			
含水量 Moisture			

项目	刻度	备注
Aroma	6 7 8 9 10	
Flavor	6 7 8 9 10	×2
Aftertaste	6 7 8 9 10	
Acidity	6 7 8 9 10	
Body	6 7 8 9 10	
Balance	6 7 8 9 10	×2
Overall	6 7 8 9 10	×2

Total Score　/100
Defects

表 1-18 咖啡烘焙记录分析表（FUJIROYAL. Proaster 等适用）（二）

____/__/__批次#________ 环境温度____℃ 湿度____% 烘焙师________

Room temp Room humidity Roast master

烘焙计划		预热	开始	烘焙中的调整Adjustments during roast(BT)...						
	温度	╳								
	火力									

品名：				处理法：			生豆克重 Green Bean g	
动作/状态	mm	ss	豆温	风温	火力	风力	生豆水活性 AW	
	00	00	℃	℃			豆表 Agtron（B）	#
							豆粉 Agtron（G）	#
							差值 Agtron（Δ）	#

回温 TP：__：__ | ____℃

黄变 YE：__：__ | ____℃

肉桂 CI ：__：__ | ____℃

一爆 FC：__：__ | ____℃

二爆 SC：__：__ | ____℃

发展 DT：__：__

结束 End：__：__

MTR %	DTR %

$\Delta T_{DT}=$ ℃

冷却时长 Cool T__：__<30℃

升温比 RoR		
	TP-YE Phase 1	℃/min
	YE-FC Phase 2	℃/min
	FC-End Phase 3	℃/min

备注 Notes：

	Before(x)	After(y)	%difference
重量 Weight			
体积 Volume			
密度 Density			
含水量 Moisture			

Aroma 6 7 8 9 10

Flavor 6 7 8 9 10 ×2

Aftertaste 6 7 8 9 10

Acidity 6 7 8 9 10

Body 6 7 8 9 10

Balance 6 7 8 9 10 ×2

Overall 6 7 8 9 10 ×2

Total Score /100

Defects

咖啡小知识

咖啡豆有哪些烘焙程度？烘焙程度不同会让味道产生怎样的变化？

随着烘焙的深入，生咖啡豆的颜色也由茶色变为黑色。用来表示咖啡豆烘焙程度的指标叫作“烘焙度”，一般用咖啡豆的颜色来划分。

现在我们常说的烘焙度，由浅到深的顺序是：轻度烘焙、肉桂式烘焙、中度烘焙、中深度烘焙、城市烘焙、全程烘焙、法式烘焙、意大利式烘焙。这些名称参考了美国对咖啡豆烘焙度的命名：Light、Cinnamon、Medium、Medium high、City、Full City、French/Dark、Italian/Heavy，不同之处是，美国还有如New England（介于Light与Cinnamon之间）、Viennese或Continental（介于Full City与French之间）、Spanish（比Italian还要深）等烘焙度名称。

烘焙度与咖啡的风味有紧密的联系，烘焙程度不一样，味道也不一样，无论哪种咖啡，只要烘焙度增加（深度烘焙），酸味就会变弱，苦味就会增强。因此烘焙度也是判断咖啡味道的一个标准。但是不同种类的咖啡豆，随着烘焙程度增强，味道变化也不同。对罗布斯塔种咖啡豆来说，即便是轻度烘焙，酸味也不会很明显。如果是高海拔产地的阿拉比卡种，就算是深度烘焙，也会有酸味残留其中。

轻度烘焙也好，中度烘焙也罢，无非是表示咖啡豆烘焙程度的一个大致标准。怎样称呼烘焙好的咖啡豆，只是制作者主观的判断。一些店里“城市烘焙”程度的咖啡豆，可能在另一些店里就是“法式烘焙”，这种情况在业界很常见。

十一 品尝咖啡

品尝咖啡与喝红酒一样，是一门很专业的学问，咖啡的主要味道有香、甘、醇、苦、酸，咖啡的风味及香味会随着栽种及烘焙等的过程产生许多不同的风味，因此品尝时需先了解每一种咖啡的特性。

（一）品尝咖啡三步骤

第一：喝黑咖啡，可品尝咖啡的原始风味。

第二：加糖，可降低咖啡的苦味且提高咖啡的酸味。

第三：加奶，可综合咖啡的酸味。

咖啡的温度应该保持在80—85摄氏度，咖啡入口中适合的温度为60—65摄氏度。

1. 闻其香

气味为咖啡所散发出的香味，常见的香味有巧克力味、焦糖味、果香味、麦芽味、炭烧味等。

2. 观其色

咖啡烘焙的颜色越深，所冲煮的咖啡的颜色越深，烘焙的颜色越浅，咖啡的颜色越浅。

3. 品其味

先喝一口水，再喝一口黑咖啡，不要急于将咖啡喝下，吸一口空气让咖啡均匀地散布于口腔中，感受咖啡的酸度、醇度、苦味。

咖啡小知识

世界各地的咖啡饮用方法

咖啡的饮用方法在世界各地各有不同。在咖啡的发祥地埃塞俄比亚，有着类似于日本茶道的“咖啡仪式”。在北欧，人们只饮用咖啡煮好后上面澄清的部分。

不仅是咖啡的种子可以食用，在也门和埃塞俄比亚，有人会将干燥的咖啡果肉煎煮饮用，还有人会将咖啡树叶子进行煎煮，作为茶饮用。

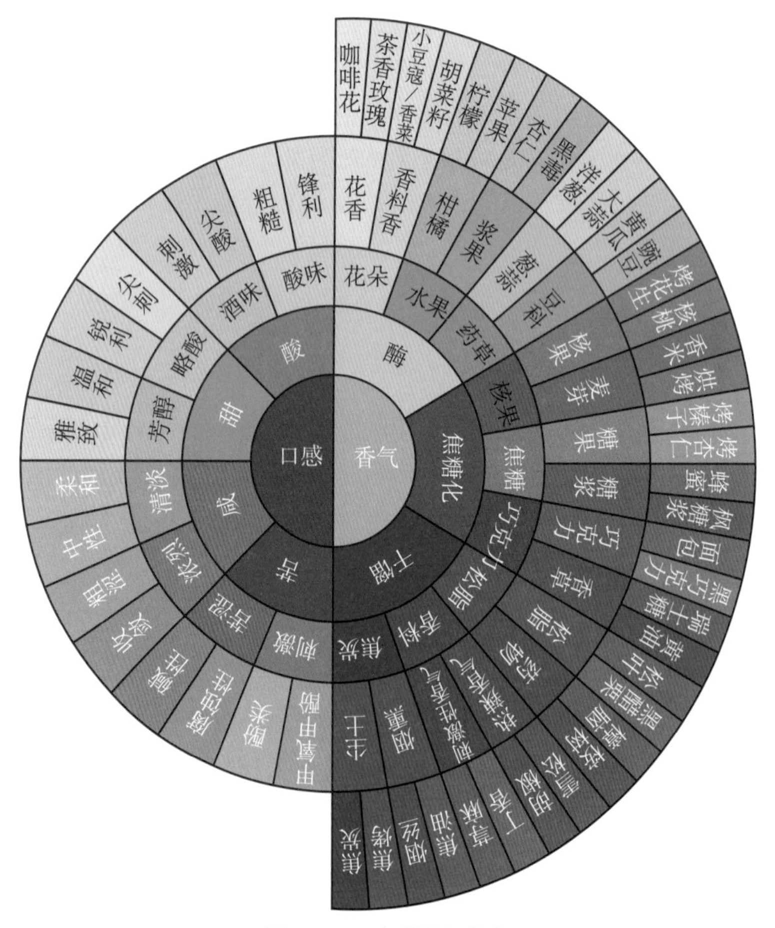

图 1-42　咖啡香气轮盘

（二）品测咖啡

品测咖啡可分为杯测法及咖啡烹煮后的风味展现。杯测法较无人为技术的因素，烹煮后的咖啡会因烹煮的方式不同而有所差异。

咖啡杯测法主要用于咖啡买家或炒豆师等专业人士选择咖啡生豆时测试品种的方法，此方法可以辨别咖啡的好坏及品尝咖啡的香气、醇厚感与口感，与葡萄酒的品酒意义相同。

图 1-43　咖啡杯测器具

图 1-44　咖啡闻香评测

杯测法在国际上并无统一的规定，所以各国咖啡玩家各有自己的想法，目前在市面上常见的有两种方法：

1. 巴西式的杯测法

又称为消极性杯测（Nagative Testing），其主要是找出瑕疵豆后再分级。

2. SCAA 式杯测法

又称为积极性杯测（Positive Testing），为正面评价咖啡特性的方法，是目前大家较认可的方法。

美国精品协会（SCAA）制定的杯测标准：

将咖啡豆研磨成粉后，先闻其香味，再将咖啡冲泡，鉴别其香气，随后品尝咖啡的风味。

杯测法的步骤：

（1）先将 1 份（10g）咖啡研磨成粉放入杯中，准备 3 份；

（2）闻干香气；

（3）倒入热水；

（4）闻湿香气；

（5）品尝。

酸度（Acidity）：为咖啡入口时舌下边缘所产生甘醇的感觉。

醇厚度（Body）：咖啡于口中所产生的黏性、厚重感、醇厚度及浓郁程度。

风味（Flavor）：咖啡于口中整体的感觉，不同的产地咖啡所呈现的风味亦不同。

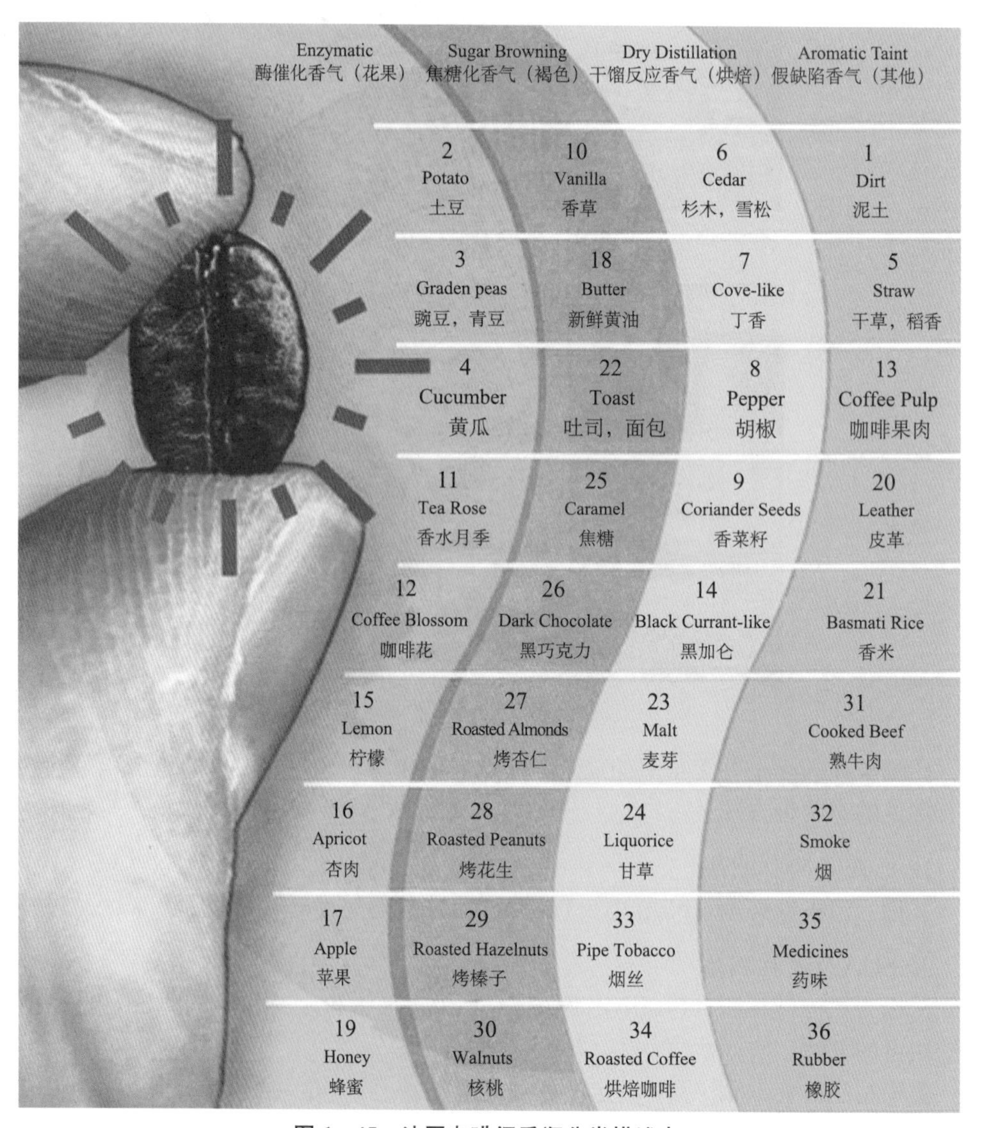

图 1－45　法国咖啡闻香瓶分类描述表

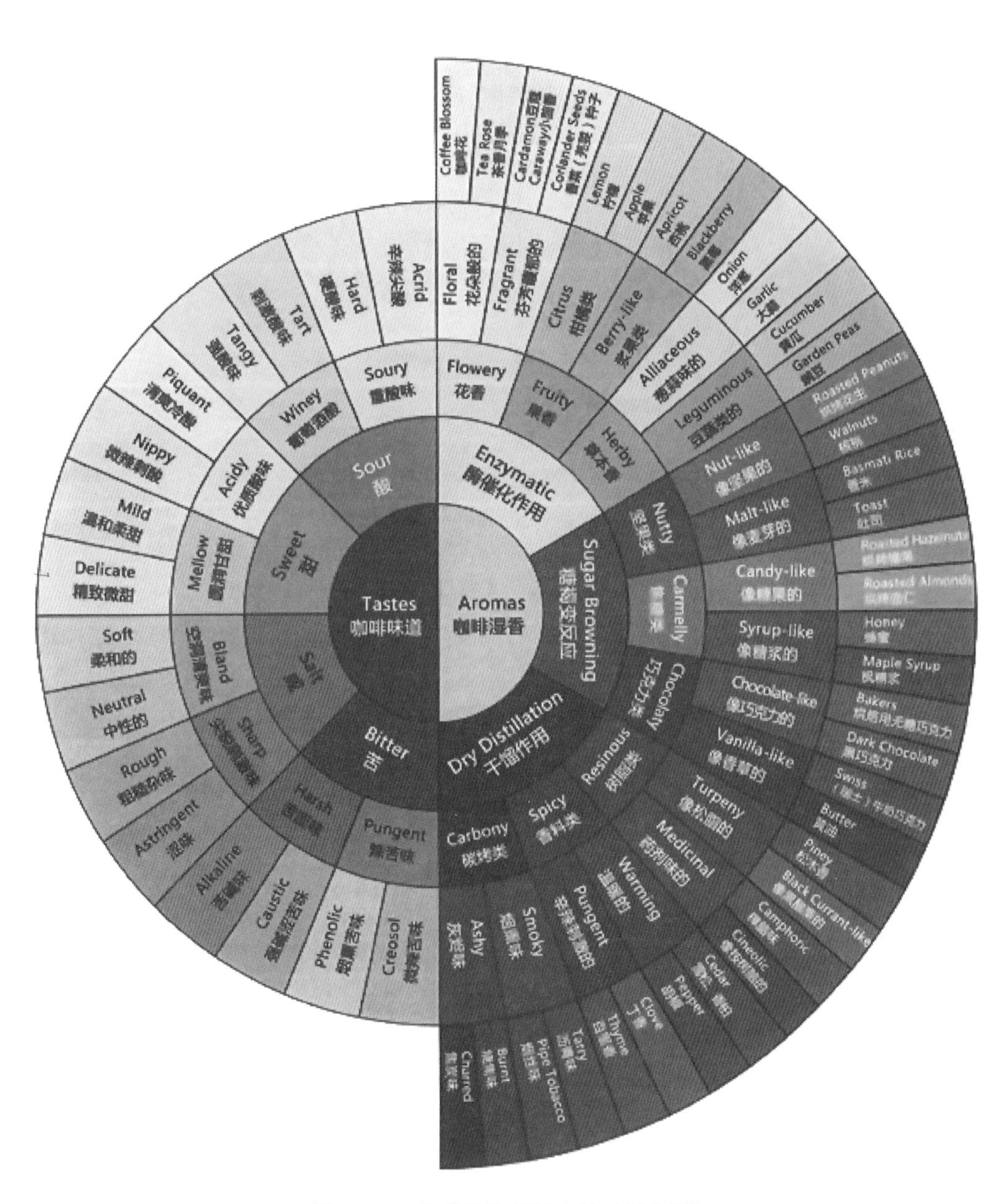

图 1-46　咖啡品鉴师风味轮（经典版）

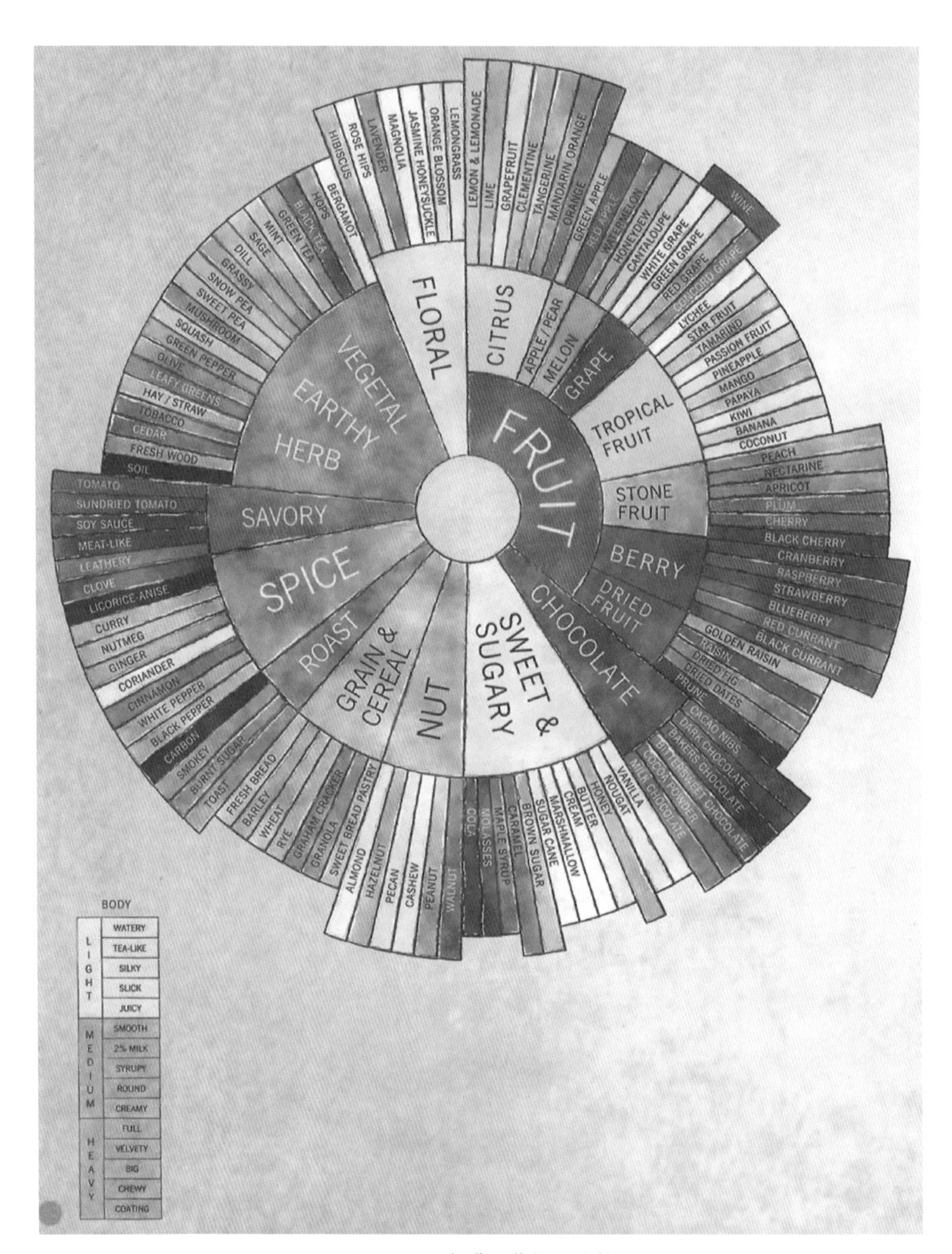

图 1-47 咖啡品鉴师风味轮

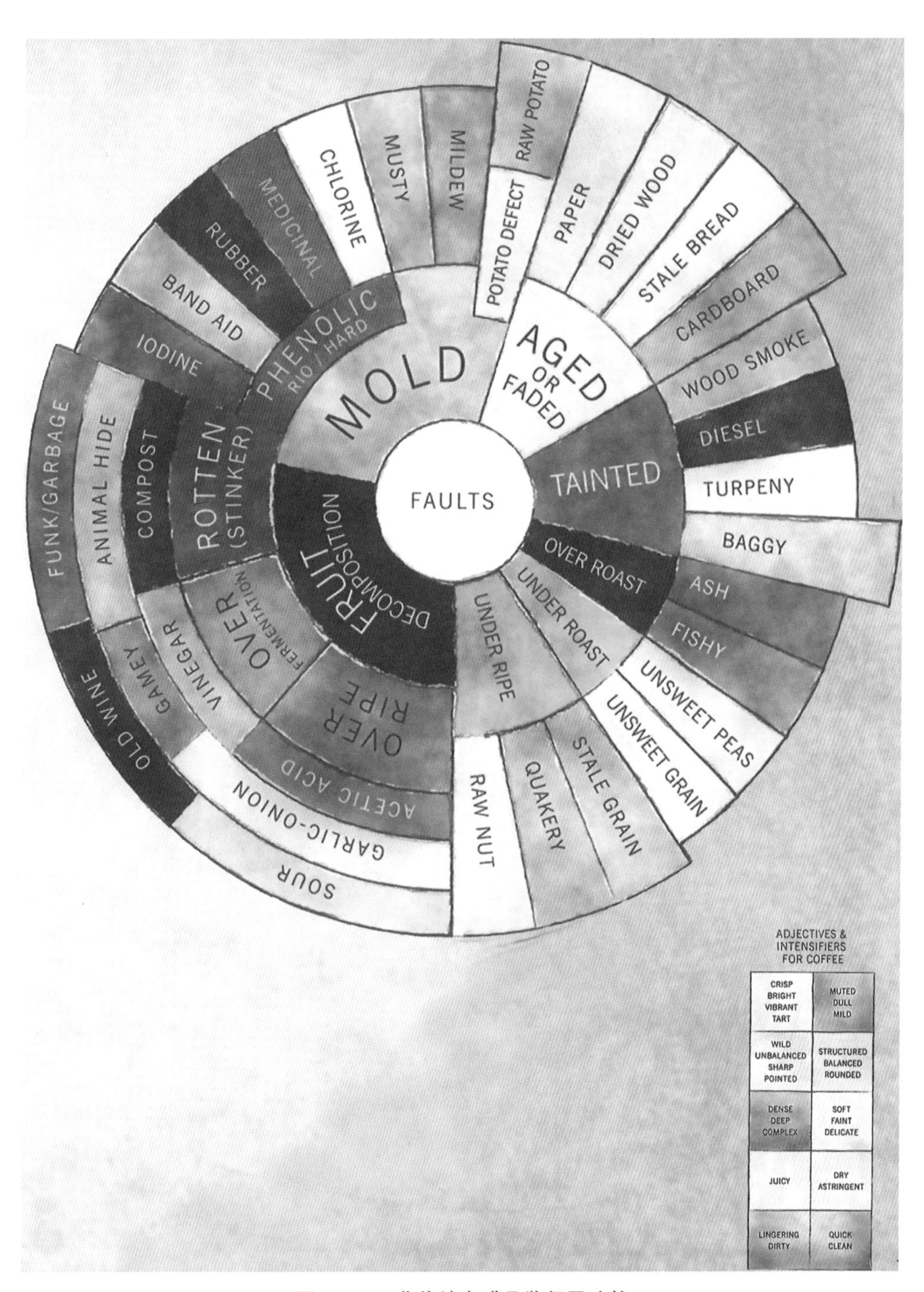

图 1-48 非传统咖啡品鉴师风味轮

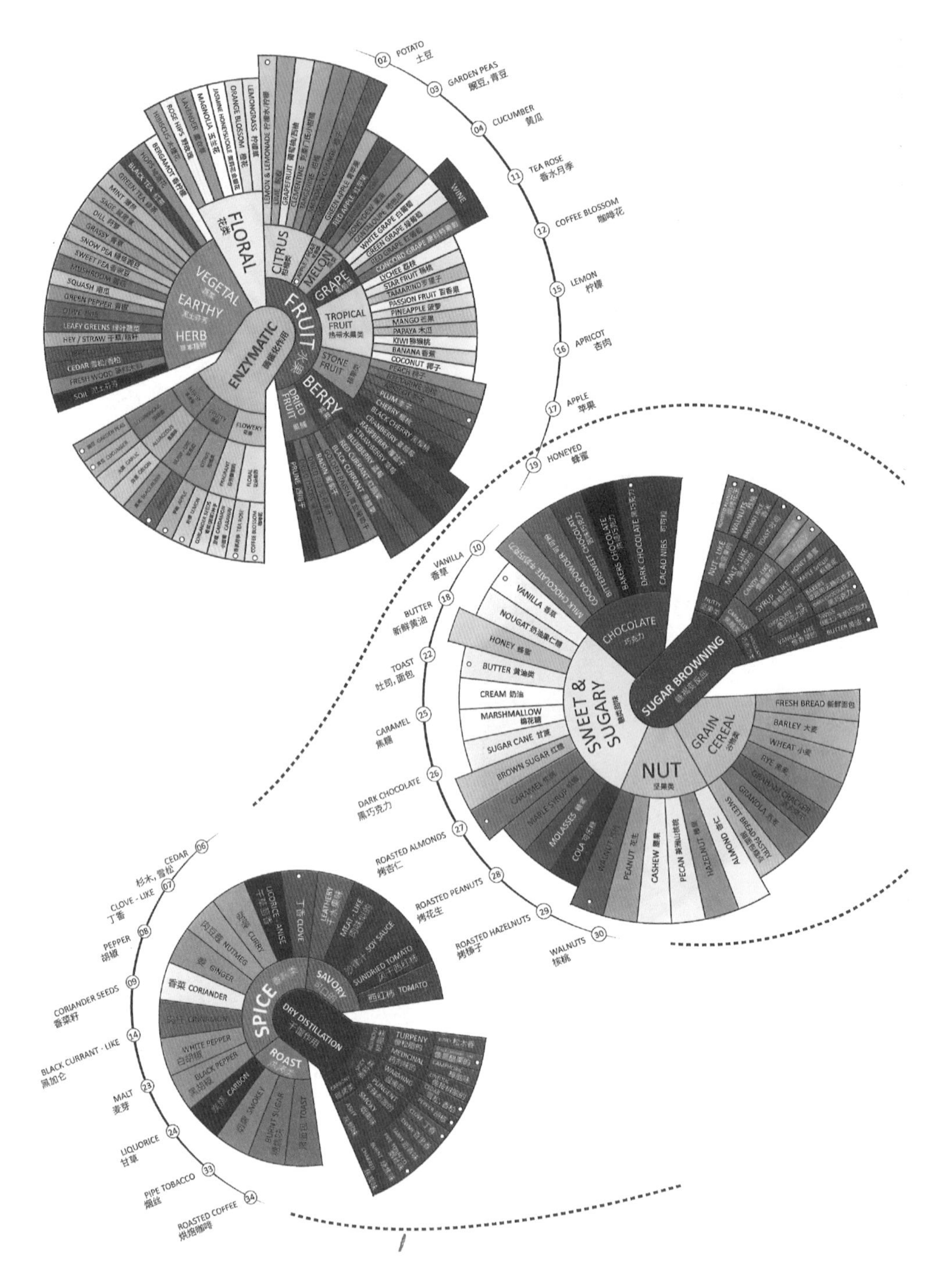

图 1－49　酶催化作用风味轮、糖褐变反应风味轮、干馏作用风味轮

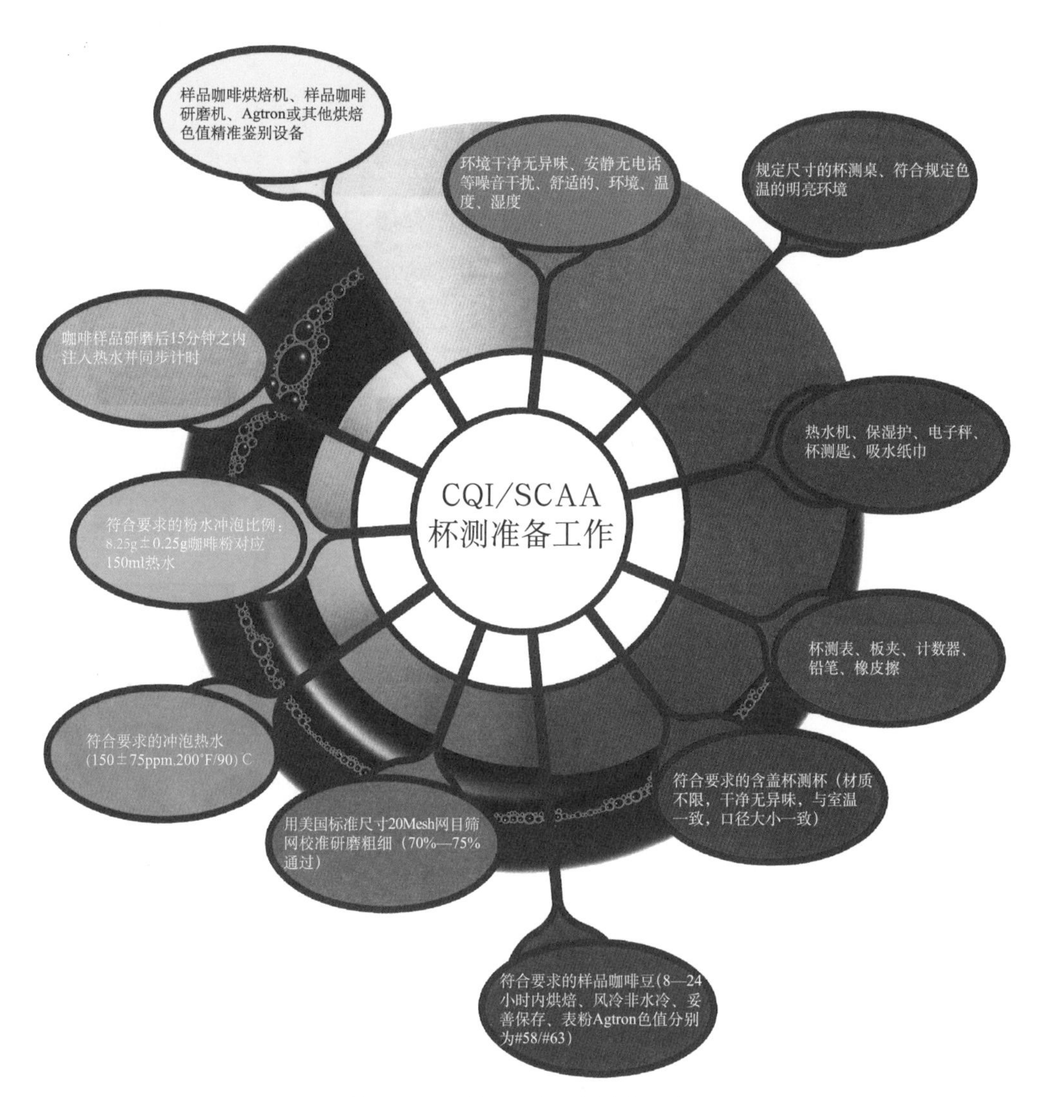

图 1-50　CQI/SCA 杯测准备工作

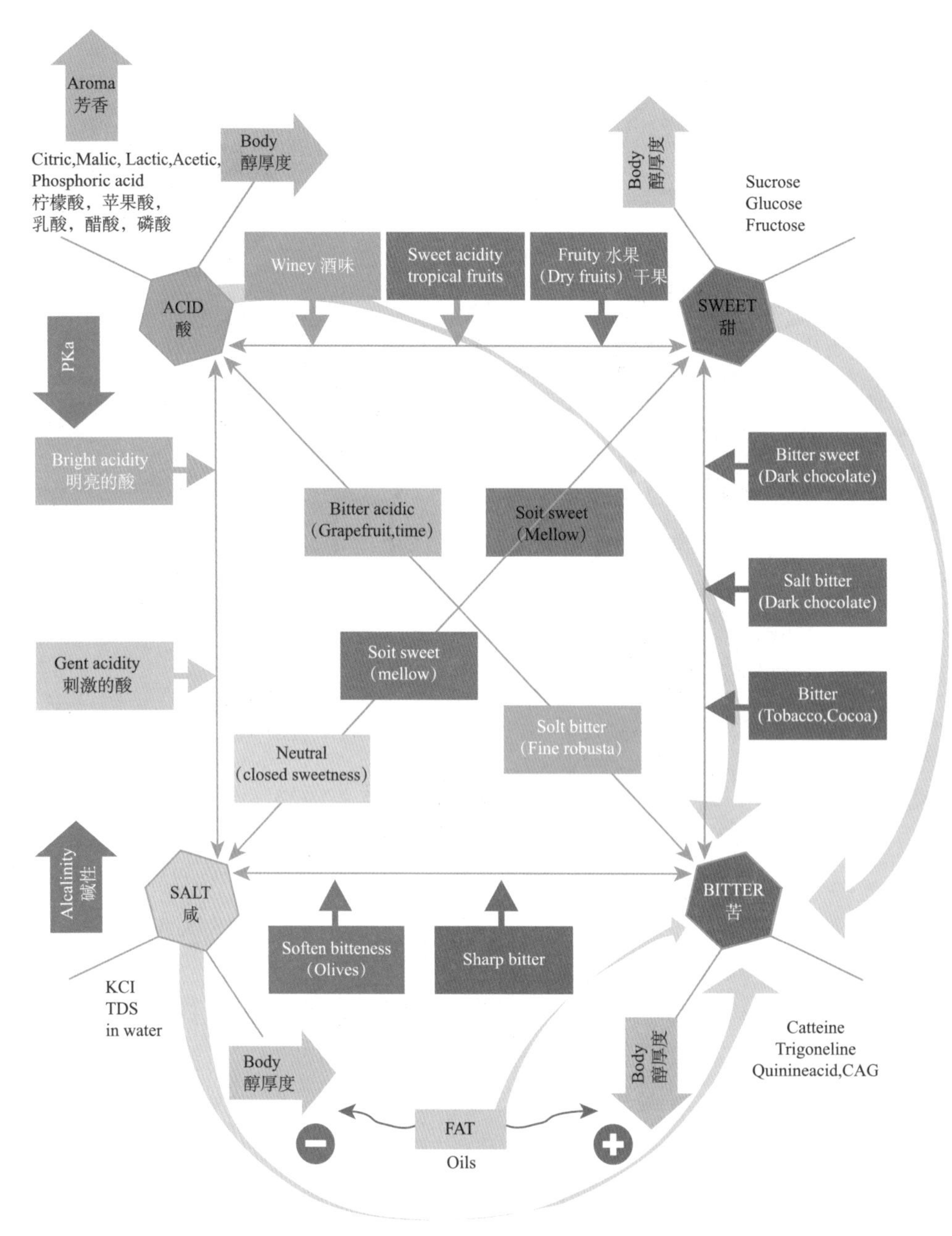

图 1-51 味道调整强度变化

表 1－19　SCAA 杯测表(一)

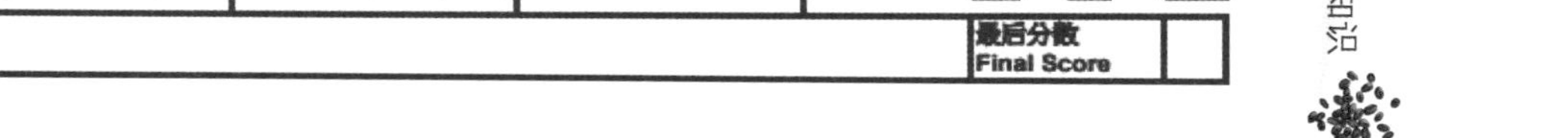

Specialty Coffee Association of America Coffee Cupping Form

SCAA杯测表

Name:
姓名
Date:
日期

Quality scale:			
6.00 - Good	7.00 - Very Good	8.00 - Excellent	9.00 - Outstanding
6.25	7.25	8.25	9.25
6.50	7.50	8.50	9.50
6.75	7.75	8.75	9.75

Sample # 样品编号	Roast Level of sample 烘焙程度	干/湿香气 Fragrance/Aroma Score: 6 7 8 9 10	风味 Flavor Score: 分数 6 7 8 9 10	酸质 Acidity Score: 分数 6 7 8 9 10	体脂感 Body Score: 分数 6 7 8 9 10	一致性 Uniformity Score: 分数	干净度 Clean Cup Score: 分数	综合考虑 Overall Score: 分数 6 7 8 9 10	Total Score 总分
		Dry 干 Qualities: 品质 Break	余韵 Aftertaste Score: 分数 6 7 8 9 10	Intensity 强度 High 高 Low 低	Level 程度 Heavy 厚 Thin 薄	平衡性 Balance Score: 分数 6 7 8 9 10	甜度等级 Sweetness Score: 分数	Defects (subtract) 缺点(扣分) Taint瑕疵=2 Fault缺陷=4 杯数 × 强度 =	
	备注 Notes:							最后分数 Final Score	

Sample # 样品编号	Roast Level of sample 烘焙程度	干/湿香气 Fragrance/Aroma Score: 6 7 8 9 10	风味 Flavor Score: 分数 6 7 8 9 10	酸质 Acidity Score: 分数 6 7 8 9 10	体脂感 Body Score: 分数 6 7 8 9 10	一致性 Uniformity Score: 分数	干净度 Clean Cup Score: 分数	综合考虑 Overall Score: 分数 6 7 8 9 10	Total Score 总分
		Dry 干 Qualities: 品质 Break	余韵 Aftertaste Score: 分数 6 7 8 9 10	Intensity 强度 High 高 Low 低	Level 程度 Heavy 厚 Thin 薄	平衡性 Balance Score: 分数 6 7 8 9 10	甜度等级 Sweetness Score: 分数	Defects (subtract) 缺点(扣分) Taint瑕疵=2 Fault缺陷=4 杯数 × 强度 =	
	备注 Notes:							最后分数 Final Score	

Sample # 样品编号	Roast Level of sample 烘焙程度	干/湿香气 Fragrance/Aroma Score: 6 7 8 9 10	风味 Flavor Score: 分数 6 7 8 9 10	酸质 Acidity Score: 分数 6 7 8 9 10	体脂感 Body Score: 分数 6 7 8 9 10	一致性 Uniformity Score: 分数	干净度 Clean Cup Score: 分数	综合考虑 Overall Score: 分数 6 7 8 9 10	Total Score 总分
		Dry 干 Qualities: 品质 Break	余韵 Aftertaste Score: 分数 6 7 8 9 10	Intensity 强度 High 高 Low 低	Level 程度 Heavy 厚 Thin 薄	平衡性 Balance Score: 分数 6 7 8 9 10	甜度等级 Sweetness Score: 分数	Defects (subtract) 缺点(扣分) Taint瑕疵=2 Fault缺陷=4 杯数 × 强度 =	
	备注 Notes:							最后分数 Final Score	

表 1-20　SCAA 杯测表(二)

SPECIALTY COFFEE ASSOCIATION OF AMERICA

Specialty Coffee Association of America Coffee Cupping Form

SCAA杯测表

Name: ____________________
姓名
Date: ____________
日期

Quality scale:			
6.00 - Good	7.00 - Very Good	8.00 - Excellent	9.00 - Outstanding
6.25	7.25	8.25	9.25
6.50	7.50	8.50	9.50
6.75	7.75	8.75	9.75

Sample # 样品编号	Roast Level of Sample 烘焙程度	干/湿香气 Fragrance/Aroma Score: 分数 (6 7 8 9 10) Dry 干 Qualities: 品质 Break	风味 Flavor Score: 分数 (6 7 8 9 10) 余韵 Aftertaste Score: 分数 (6 7 8 9 10)	酸质 Acidity Score: 分数 (6 7 8 9 10) Intensity 强度 High 高 Low 低	体脂感 Body Score: 分数 (6 7 8 9 10) Level 程度 Heavy 厚 Thin 薄	一致性 Uniformity Score: 分数 □□□□□ 平衡性 Balance Score: 分数 (6 7 8 9 10)	干净度 Clean Cup Score: 分数 □□□□□ 甜度等级 Sweetness Score: 分数 □□□□□	综合考虑 Overall Score: 分数 (6 7 8 9 10) Defects (subtract) 缺点(扣分) Taint瑕疵=2 Fault缺陷=4 杯数 □ X 强度 □ = □	Total Score 总分
	备注 Notes:							最后分数 Final Score	

Sample # 样品编号	Roast Level of Sample 烘焙程度	干/湿香气 Fragrance/Aroma Score: 分数 (6 7 8 9 10) Dry 干 Qualities: 品质 Break	风味 Flavor Score: 分数 (6 7 8 9 10) 余韵 Aftertaste Score: 分数 (6 7 8 9 10)	酸质 Acidity Score: 分数 (6 7 8 9 10) Intensity 强度 High 高 Low 低	体脂感 Body Score: 分数 (6 7 8 9 10) Level 程度 Heavy 厚 Thin 薄	一致性 Uniformity Score: 分数 □□□□□ 平衡性 Balance Score: 分数 (6 7 8 9 10)	干净度 Clean Cup Score: 分数 □□□□□ 甜度等级 Sweetness Score: 分数 □□□□□	综合考虑 Overall Score: 分数 (6 7 8 9 10) Defects (subtract) 缺点(扣分) Taint瑕疵=2 Fault缺陷=4 杯数 □ X 强度 □ = □	Total Score 总分
	备注 Notes:							最后分数 Final Score	

Sample # 样品编号	Roast Level of Sample 烘焙程度	干/湿香气 Fragrance/Aroma Score: 分数 (6 7 8 9 10) Dry 干 Qualities: 品质 Break	风味 Flavor Score: 分数 (6 7 8 9 10) 余韵 Aftertaste Score: 分数 (6 7 8 9 10)	酸质 Acidity Score: 分数 (6 7 8 9 10) Intensity 强度 High 高 Low 低	体脂感 Body Score: 分数 (6 7 8 9 10) Level 程度 Heavy 厚 Thin 薄	一致性 Uniformity Score: 分数 □□□□□ 平衡性 Balance Score: 分数 (6 7 8 9 10)	干净度 Clean Cup Score: 分数 □□□□□ 甜度等级 Sweetness Score: 分数 □□□□□	综合考虑 Overall Score: 分数 (6 7 8 9 10) Defects (subtract) 缺点(扣分) Taint瑕疵=2 Fault缺陷=4 杯数 □ X 强度 □ = □	Total Score 总分
	备注 Notes:							最后分数 Final Score	

表 1－21　世界咖啡制作大赛评分表(一)

WORLD COFFEE ROASTING CHAMPIONSHIP

PRODUCTION ROAST EVALUATION

Single Origin □　Blend □

Judge Name :　　Cup # :

Roast Level of sample	Fragrance /Aroma	Flavor	Aftertaste	Acidity	Body	Sweetness ×2	Balance ×2	Cup-To-Profile	Total Score
	6 7 8 9 10	6 7 8 9 10	6 7 8 9 10	6 7 8 9 10	6 7 8 9 10	6 7 8 9 10	6 7 8 9 10	6 7 8 9 10	
	Dry　Qualities　Break			Intensity　High　Low	Level　Heavy　Thin	Development　Chocolate　Candy　Sweet Grains			

Roast Defects (Subtract from total score)

Underdevelopment 5 0　Overdevelopment 5 0　Baked 5 0　Scorched 5 0

Roast Defects Notes:

Total Score

- Total Defects

= Final Score

Unacceptable : 0　Acceptable : 4 - 4.75　Average : 5 - 5.75　Good : 6 - 6.75　Very Good : 7 - 7.75　Excellent : 8 - 8.75　Extraordinary : 9 -

No Presence of Defect Taste : 0　Barely Tasted : 1　Fairly Tasted : 3　Overwhelming : 5

表 1－22　世界咖啡制作大赛评分表(二)

WORLD COFFEE ROASTING CHAMPIONSHIP

PRODUCTION ROAST EVALUATION

Single Origin ☐　　Blend ☐

Judge Name :　　　　　　Cup # :

Roast Level of sample	Fragrance /Aroma	Flavor	Aftertaste	Acidity	Body	Sweetness X 2	Balance X 2	Cup-To-Profile	Total Score
	6 7 8 9 10	6 7 8 9 10	6 7 8 9 10	6 7 8 9 10	6 7 8 9 10	6 7 8 9 10	6 7 8 9 10	6 7 8 9 10	
	Dry Qualities Break			Intensity High Low	Level Heavy Thin	Development Chocolate Candy Sweet Grains			

Roast Defects (Subtract from total score)

Underdevelopment	Overdevelopment	Baked	Scorched
5–0	5–0	5–0	5–0

Roast Defects Notes:

Total Score

- Total Defects

= Final Score

Unacceptable : 0　Acceptable : 4 - 4.75　Average : 5 - 5.75　Good : 6 - 6.75　Very Good : 7 - 7.75　Excellent : 8 - 8.75　Extraordinary : 9 -

No Presence of Defect Taste : 0　Barely Tasted : 1　Fairly Tasted : 3　Overwhelming : 5

表 1 - 23　SCI 杯测表（一）

NAME: ____________________

TABLE: ____________________

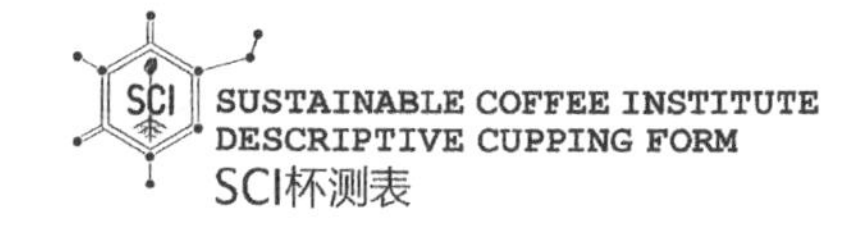

SAMPLE #	SAMPLE #	SAMPLE #
ROAST LVL: DARK / STANDARD / LIGHT; FERMENT LVL: HIGH / MED / LOW / NONE	ROAST LVL: DARK / STANDARD / LIGHT; FERMENT LVL: HIGH / MED / LOW / NONE	ROAST LVL: DARK / STANDARD / LIGHT; FERMENT LVL: HIGH / MED / LOW / NONE
NOTES:	NOTES:	NOTES:
FRAGRANCE 6 7 8 9 10; INTENSITY LOW ○○○○○ HIGH	FRAGRANCE 6 7 8 9 10; INTENSITY LOW ○○○○○ HIGH	FRAGRANCE 6 7 8 9 10; INTENSITY LOW ○○○○○ HIGH
NOTES:	NOTES:	NOTES:
AROMA 6 7 8 9 10; INTENSITY LOW ○○○○○ HIGH	AROMA 6 7 8 9 10; INTENSITY LOW ○○○○○ HIGH	AROMA 6 7 8 9 10; INTENSITY LOW ○○○○○ HIGH
NOTES:	NOTES:	NOTES:
FLAVOR 6 7 8 9 10; INTENSITY LOW ○○○○○ HIGH	FLAVOR 6 7 8 9 10; INTENSITY LOW ○○○○○ HIGH	FLAVOR 6 7 8 9 10; INTENSITY LOW ○○○○○ HIGH
NOTES:	NOTES:	NOTES:
ACIDITY 6 7 8 9 10; INTENSITY FLAT ○○○○○ BRIGHT	ACIDITY 6 7 8 9 10; INTENSITY FLAT ○○○○○ BRIGHT	ACIDITY 6 7 8 9 10; INTENSITY FLAT ○○○○○ BRIGHT
NOTES:	NOTES:	NOTES:
BODY 6 7 8 9 10; THICKNESS THIN ○○○○○ THICK	BODY 6 7 8 9 10; THICKNESS THIN ○○○○○ THICK	BODY 6 7 8 9 10; THICKNESS THIN ○○○○○ THICK
NOTES:	NOTES:	NOTES:
SWEETNESS 6 7 8 9 10; INTENSITY LOW ○○○○○ HIGH	SWEETNESS 6 7 8 9 10; INTENSITY LOW ○○○○○ HIGH	SWEETNESS 6 7 8 9 10; INTENSITY LOW ○○○○○ HIGH
NOTES:	NOTES:	NOTES:
AFTERTASTE 6 7 8 9 10; DURATION SHORT ○○○○○ LONG	AFTERTASTE 6 7 8 9 10; DURATION SHORT ○○○○○ LONG	AFTERTASTE 6 7 8 9 10; DURATION SHORT ○○○○○ LONG
NOTES:	NOTES:	NOTES:
FRESH CROP 6 7 8 9 10; WOODY NONE ○○○○○ INTENSE	FRESH CROP 6 7 8 9 10; WOODY NONE ○○○○○ INTENSE	FRESH CROP 6 7 8 9 10; WOODY NONE ○○○○○ INTENSE
NOTES:	NOTES:	NOTES:
OFF FLAVOR (+2 - 2) ○○○○○	OFF FLAVOR (+2 - 2) ○○○○○	OFF FLAVOR (+2 - 2) ○○○○○
NOTES:	NOTES:	NOTES:
UNIFORMITY (+2 - 2) ○○○○○	UNIFORMITY (+2 - 2) ○○○○○	UNIFORMITY (+2 - 2) ○○○○○
NOTES:	NOTES:	NOTES:
NOTES: ; TOTAL SCORE	NOTES: ; TOTAL SCORE	NOTES: ; TOTAL SCORE

表 1－24　SCI 杯测表（二）

NAME: ____________________

TABLE: ____________________

SUSTAINABLE COFFEE INSTITUTE
DESCRIPTIVE CUPPING FORM
SCI杯测表

SAMPLE #	SAMPLE #	SAMPLE #
ROAST LVL: ○ DARK ○ STANDARD ○ LIGHT	ROAST LVL: ○ DARK ○ STANDARD ○ LIGHT	ROAST LVL: ○ DARK ○ STANDARD ○ LIGHT
FERMENT LVL: ○ HIGH ○ MED ○ LOW ○ NONE	FERMENT LVL: ○ HIGH ○ MED ○ LOW ○ NONE	FERMENT LVL: ○ HIGH ○ MED ○ LOW ○ NONE
NOTES:	NOTES:	NOTES:
FRAGRANCE 6 7 8 9 10 INTENSITY ○○○○○ LOW HIGH	FRAGRANCE 6 7 8 9 10 INTENSITY ○○○○○ LOW HIGH	FRAGRANCE 6 7 8 9 10 INTENSITY ○○○○○ LOW HIGH
NOTES:	NOTES:	NOTES:
AROMA 6 7 8 9 10 INTENSITY ○○○○○ LOW HIGH	AROMA 6 7 8 9 10 INTENSITY ○○○○○ LOW HIGH	AROMA 6 7 8 9 10 INTENSITY ○○○○○ LOW HIGH
NOTES:	NOTES:	NOTES:
FLAVOR 6 7 8 9 10 INTENSITY ○○○○○ LOW HIGH	FLAVOR 6 7 8 9 10 INTENSITY ○○○○○ LOW HIGH	FLAVOR 6 7 8 9 10 INTENSITY ○○○○○ LOW HIGH
NOTES:	NOTES:	NOTES:
ACIDITY 6 7 8 9 10 INTENSITY ○○○○○ FLAT BRIGHT	ACIDITY 6 7 8 9 10 INTENSITY ○○○○○ FLAT BRIGHT	ACIDITY 6 7 8 9 10 INTENSITY ○○○○○ FLAT BRIGHT
NOTES:	NOTES:	NOTES:
BODY 6 7 8 9 10 THICKNESS ○○○○○ THIN THICK	BODY 6 7 8 9 10 THICKNESS ○○○○○ THIN THICK	BODY 6 7 8 9 10 THICKNESS ○○○○○ THIN THICK
NOTES:	NOTES:	NOTES:
SWEETNESS 6 7 8 9 10 INTENSITY ○○○○○ LOW HIGH	SWEETNESS 6 7 8 9 10 INTENSITY ○○○○○ LOW HIGH	SWEETNESS 6 7 8 9 10 INTENSITY ○○○○○ LOW HIGH
NOTES:	NOTES:	NOTES:
AFTERTASTE 6 7 8 9 10 DURATION ○○○○○ SHORT LONG	AFTERTASTE 6 7 8 9 10 DURATION ○○○○○ SHORT LONG	AFTERTASTE 6 7 8 9 10 DURATION ○○○○○ SHORT LONG
NOTES:	NOTES:	NOTES:
FRESH CROP 6 7 8 9 10 WOODY ○○○○○ NONE INTENSE	FRESH CROP 6 7 8 9 10 WOODY ○○○○○ NONE INTENSE	FRESH CROP 6 7 8 9 10 WOODY ○○○○○ NONE INTENSE
NOTES:	NOTES:	NOTES:
OFF FLAVOR (+2－2) ○○○○○	OFF FLAVOR (+2－2) ○○○○○	OFF FLAVOR (+2－2) ○○○○○
NOTES:	NOTES:	NOTES:
UNIFORMITY (+2－2) ○○○○○	UNIFORMITY (+2－2) ○○○○○	UNIFORMITY (+2－2) ○○○○○
NOTES:	NOTES:	NOTES:
NOTES: TOTAL SCORE	NOTES: TOTAL SCORE	NOTES: TOTAL SCORE

十二 咖啡的保存

咖啡豆刚烘焙好时，含有丰富的二氧化碳，不适合饮用，两天后是最好的饮用时间。咖啡豆最好的饮用时间为 7 天内，若无法于 7 天内喝完须好好保存。

保存咖啡最好的方法便是快速喝完，但若无法在短时间内饮用完，可放置于冷冻库中，但冷冻库中不适合放置有味道重的食物，如鱼、鸡等，因为咖啡很容易吸取外来的味道。

研磨好的咖啡最好使用真空包装，若已经打开使用，可将咖啡放置于玻璃罐或陶瓷罐中，方便快速饮用完。

购买回来的咖啡豆，密封的咖啡袋有膨胀的情形，是由咖啡豆释放出的二氧化碳造成的，这表示咖啡是新鲜的。

咖啡豆包装袋经常使用铝箔材质，其功用为阻挡阳光、防止氧化、预防潮湿。

市面上大都会把咖啡豆、咖啡粉封入塑料袋进行销售。很多人觉得包装袋就是袋子而已，有一些水蒸气、氧气之类的很正常。这些“正常的事情”恰恰是专业人士最害怕的，一般会称它为“气体阻隔性低”。

如果想长时间保存咖啡，那么就要选择正确的包装材质。如果包装袋中的氧气、水分没有去除干净，或者材质的气体阻隔性低，那么就不要买得太多，更不要想它能存放多久，要尽快喝完。除了咖啡粉外，在选购咖啡豆时，也要注意这一点。

如果包装袋中去掉了氧气和水分，材质的气体阻隔性高，那么，即使将咖啡放入冷冻室保存好几个月也不会变质，而且保存温度越低，保鲜度越高。冷冻的咖啡制品要完全恢复到常温才能食用，冷冻的温度越低，恢复到常温所需的时间就越长。一般情况下，冷冻的咖啡制品要在常温下放置 30 分钟才能打开包装。如果没放到常温状态就打开包装，会发生什么呢？将冷冻的咖啡豆按照平时的方法粉碎、冲泡，萃取时的温度就会比平时低，咖啡的口味就会变淡，香味也比平时弱。而且，袋中的咖啡豆劣化速度会更快。从冰箱里拿出来的咖啡豆，表面会结霜，如果这时打开袋子，咖啡豆中的水分会一下子增多。即便仅仅是打开袋子，取出咖啡豆后就把袋子系上，咖啡豆中也会增加百分之一的水分。原本你想长期保存，可由于保存不当，反而加速了咖啡豆的劣化。

一次买入很多咖啡豆的时候，要选择可以长时间保存的小包装制品。除了最近准备喝的之外，剩下的都要放进冷冻室。喝完一袋之后，再从冷冻室拿一袋放到常温下，要尽可能避免放在荧光灯、紫外线、温度高的环境中。开封后要尽快食用。

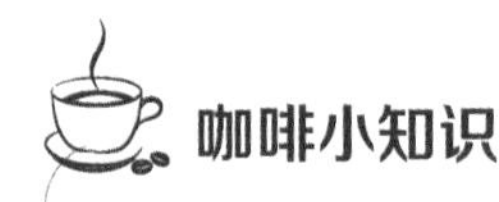

咖啡小知识

咖啡豆放久了会有哪些变化？

烘焙好的咖啡豆会随着时间而发生变化。烘焙豆放置一定时间就会失去香味，味道可能也会变得不好。咖啡豆慢慢失去香味的过程，我们称为劣化。但是，咖啡豆是否劣化，只是制作者与饮用者主观的判断。刚刚烘焙好的咖啡豆与放置一年的咖啡豆哪个口味更好呢？首先，两者的风味肯定是不一样的。如果单从字面上来判断，大家一定会选择前者，但如果不考虑时间而直接品尝，一定会有人选择后者。选择后者的人会认为，咖啡豆放置了一年，才刚好是味道的成熟期，有些人就不喜欢用刚刚烘焙好的咖啡豆冲泡咖啡。

那么，咖啡豆的味道为什么会发生变化呢？一般我们认为这是由于咖啡豆中的油脂发生氧化造成的，但这并不是主要原因。因为咖啡豆中富含多种抗氧化成分，所以油脂氧化的过程是很缓慢的，而我们察觉到咖啡豆风味变化的时间要比油脂氧化的时间早得多。咖啡豆的味道发生的变化，其实是香味上的变化。刚刚烘焙好的咖啡豆会释放出气体（二氧化碳），这些气体会将咖啡豆的香味带走。此后，剩下的芳香成分又开始发生化学反应。香味的总量在减少，香味的质量也在下降，当那种令人愉悦的味道慢慢消失时，我们就察觉到咖啡豆劣化了。

十三 咖啡的添加物

（一）糖

咖啡加入糖可降低苦味，但也提高了酸味。糖的种类很多，选择加入咖啡的糖时需了解会不会影响咖啡本身的风味。

方糖：不会影响咖啡风味，但溶解速度较慢。

咖啡糖：不会影响咖啡风味。

砂糖：世界上最常见且使用率最高的糖。细砂砾般的形状非常易于溶解，因此也是最常被用来加在咖啡里的糖种，不会影响咖啡风味。

黑糖：带有浓醇的香味，容易影响咖啡的风味，但可以加入特调咖啡内，如制作黑糖咖啡。

各式风味糖浆：如榛果糖浆、香草糖浆、杏仁糖浆、椰子糖浆、焦糖糖浆、太妃糖糖浆等适合制作加味咖啡。

（二）奶制品

咖啡加入奶后可中和咖啡的酸味。奶与乳制品合称乳品饮料，可分为生乳、鲜奶、纯奶、鲜奶油、奶油球、奶精粉、炼奶。

（1）生乳：指从奶蓄乳房中挤出的无任何成分改变的，未添加外源物质，未经过加工的常乳。

（2）鲜奶：指生乳经杀菌或减菌后直接引用的全乳汁，依脂肪含量高低可分为三种。

1）全脂奶：乳脂肪含量在3.0%以上、3.8%以下。

2）低脂奶：乳脂肪含量在0.5%以上、1.5%以下。

3）脱脂奶：乳脂肪含量在0.5%以下。

（3）纯奶：指生乳经过高温减菌，以瓶装、罐装或无菌包装后，于常温下储存，可直接饮用的奶。

（4）鲜奶油：由奶分离出来的乳品。

（5）奶油球：为植物性脂肪，以植物性油脂、乳制品、乳化剂等制成。

（6）奶精粉：为植物性脂肪，以玉米粉、乳化剂等制成。

（7）炼奶：主要以非乳固形物、乳脂、蔗糖、水制成。

咖啡奶精的特点如表1－25所示。

表1－25　咖啡奶精的特点

种类（包装的标记）	原料	添加剂	价格
奶油（乳制品）	乳脂肪	无	较高
以奶或乳制品为主要原料的食品	乳脂肪	乳化剂、稳定剂	较高
	植物性脂肪＋乳脂肪	乳化剂、稳定剂	普通
	植物性脂肪	乳化剂、稳定剂	便宜

（三）各式香料

如肉桂粉、巧克力粉、豆蔻粉等。

（四）各式酒类

薄荷利口酒、白兰地、威士忌、杏仁酒、柑橘酒、朗姆酒、可可酒、奶酒等。

十四　咖啡杯

质地细腻轻薄的瓷器，入口时的触感很好；质地厚实的杯子，保温效果较佳，最适合想悠闲地品尝时使用。苦味较强的咖啡，一旦冷了就会更苦，所以选厚的杯碟比较好。

杯缘宽广和窄小的杯子，差别就在于味觉。味蕾左右部分会感觉到酸味，而深处是苦味。选择宽杯缘时，咖啡会在口中扩散，使人感受到强烈的酸味，而咖啡如果直直地流进喉咙中，苦味就会更加明显。

表 1-26 咖啡杯的种类

杯型	容量	使用	图
Standard 标准咖啡杯	120—140ml	一般被称为咖啡杯的款式，就是这个尺寸。不论用于任何一种咖啡，都能够完全合乎要求	
Demi-tasse 小咖啡杯	60—80ml	用于带有极苦味的意式浓缩咖啡。另外，想在晚餐后享用少许咖啡时，也非常实用	
Semi-tasse 中小咖啡杯	80—100ml	容量介于小咖啡杯和标准咖啡杯之间的杯子。经常用于双份意式浓缩咖啡等类型	
Morning 早晨咖啡杯	160—180ml	适合让人能畅快饮用的美式咖啡或欧蕾咖啡，比标准咖啡杯略大	
马克杯	180—250ml	在附有把手的杯款中，马克杯的容量最大。可以在品尝美式咖啡等口味较淡的咖啡时使用	

课程思政小故事

咖啡与中国的邂逅

咖啡传入我国的历史并不长，1884 年，英国人首先将咖啡传到我国台湾，台湾开始种植咖啡。日据时代，台湾咖啡开始盛行。1892 年，法国传教士将咖啡从越南带到云南的宾川县，这是我国大陆最早的关于咖啡种植的记载。

关于国内的咖啡饮用历史，最早可追溯到晚清时期。从语言文字上看，《康熙字典》中既无“咖”字，又无“啡”字，更无“咖啡”一词，可知清初中国人尚未接触到咖啡。个别中国人开始品尝饮用咖啡可能始于同治年间。同治五年（1866年），上海的美国传教士高丕第夫人出版了一本《造洋饭书》，该书是为来华的爱吃西餐的外国人和学做西餐的中国炊事员、厨师而编写的。书中除了把 coffee 音译成“磕肥”之外，还讲授了制作、烧煮咖啡的方法。由此可知，同治年间已有中国人尝过咖啡。

1915 年中华书局出版的《中华大字典》中最早出现了“咖啡”一词：“咖啡，西洋饮料，如我国之茶，英文 Coffee。”可见“咖啡”一词在民国时代进入了汉语词汇库并固定下来，被广泛使用。据清末民初之人徐珂叙述：“饮咖啡，欧美有咖啡店，略似我国之茶馆。天津上海亦有之，华人所仿设者也。兼售糖果以佐饮。”这说明在清末民初咖啡馆大概已开始与国人“结缘”了。

咖啡主要生产国

全球主要生产咖啡的国家分布在美洲、非洲、亚洲、大洋洲以及太平洋地区。

一 委内瑞拉

位于南美洲。主要生产区域为西南部塔奇拉州。主要的咖啡豆为蒙蒂贝洛（Montebello）、米拉马尔（Miramar）、格拉内扎（Granija）、阿拉格拉内扎（Ala Granija）。

咖啡种植面积约 314 000 公顷，咖啡年产量约 110 万袋，以阿拉比卡种为主。

二 哥伦比亚

位于南美洲。哥伦比亚为水洗咖啡及优质咖啡的最大出产国，优越的地理位置及气候条件使其咖啡的品质享誉全球，其咖啡主要产于中部及东部山脉。沿着中部山脉，重要栽种咖啡的地区为阿曼尼亚（Armenia）、曼德林（Medellin）、马尼札勒斯（Manizales），以曼德林地区所产的咖啡豆品质最佳，三大产区均为商业用豆。东部山脉以波歌大（Bogota）及布卡拉曼加（Bucaramanga）较佳。

主要的等级可分为顶级（Supremo）、优秀（Excelso）、极品（Unusual Good Quality）。

咖啡种植面积约 1 100 000 公顷，产量约 1 200 万袋，以阿拉比卡种为主。

全世界的咖啡中，哥伦比亚大约占了一成。而这一成的分量，也占据了哥伦比亚国内农业生产量的 1/4。此外，哥伦比亚的就业人口也大约有 1/4 投入到与咖啡生产相关的工作，并借此支撑家计，由此可知咖啡产业对哥伦比亚的重要程度。

哥伦比亚的咖啡产量仅次于巴西、越南，世界排名第三。相较于巴西农园的大规模栽植，哥伦比亚境内大型农园的比例非常低。支撑起世界第三大咖啡生产国的工作者，绝大部分是小规模的生产业者。

此外，哥伦比亚咖啡原本以浓稠的口感和甜味为特征。近年来随着品种改良，哥伦比亚开始生产更多样化口味的咖啡。

三 巴西

位于南美洲。主要产区有圣保罗州（Sao Paulo）、巴拉那州（Parana）、圣埃斯皮里图州（Espirito Santo）、巴布那州等，是全球最大的咖啡出产国，所产的咖啡豆适合调配不同口味的咖啡。

咖啡种植面积约 3 480 000 公顷，年产量约 4 300 万袋，以阿拉比卡种为主。

巴西咖啡的生产量居世界第一，消费量也晋升至世界前列。咖啡消费量现在已超越日本与德国，仅次于美国。巴西于 1721 年开始生产咖啡，但到了 18 世纪末才正式进入商业趋向的大规模栽种。

在 19 世纪中叶以前，巴西咖啡的种植范围以里约热内卢州（Rio de Janeiro）和帕拉伊巴河（Paraiba）为中心，后逐渐朝巴西的中心地带迁移。至 20 世纪 60 年代初，已经有 60%的咖啡都产自南部的巴拉那州（Panara）。巴西所生产的咖啡为阿拉比卡种，有蒙多诺沃、卡杜艾等，种类很多，大多使用自然干燥法。利用水的浮力来做比重分级，浮起的咖啡果实表示仍未成熟，将会连同果肉一起自然干燥；沉入水里的咖啡果实则会进入剥除果肉的过程。收获后借由比重分级加以分拣，可以提升咖啡成品的品质。

位于巴西南部主要负责咖啡生产的庄园，由于经常受到严重的霜害，所以从 20 世纪 70 年代中后期开始，陆续迁移至米纳斯吉拉斯州（Minas Gerais）的喜拉朵（Cerrado）地区。获得政府大力投资，农业得以逐渐振兴的喜拉朵，有很多具有先进灌溉系统及机械化作业的大规模庄园，是现代巴西最具代表性的咖啡产地。巴西咖啡产地的海拔较低，因此以较轻微的酸味为特征。依据品种不同，香气也分为许多类型，加上地区、品种的背景影响，有相当复杂的香气体系。

四 秘鲁

位于南美洲。主要生产查西玛约（Chanchamayo）、库斯科（Cozco 或 Cusco）、诺特（Norte）、普诺（Puno），适合用于调配混合。

咖啡种植面积约 156 000 公顷，年产量约 120 万袋，以阿拉比卡种为主。

五 巴拿马

位于中美洲。产地主要位于北部，以博客特（Boquete）、博尔坎巴鲁（Volcan

Baru）最有名。

咖啡种植面积约 75 500 公顷，年产量约 17 万袋，以阿拉比卡种为主。

巴拿马凭借高品质咖啡的产地身份慢慢被咖啡爱好者熟知。巴拿马的精品咖啡产地主要位于与哥斯达黎加国境交界处的奇里基省（Chiriqui）。

巴拿马最具历史与盛名的咖啡产地位于巴鲁火山东面的博客特地区。之所以集中在这个地区，是因为博客特是个容易起雾的地方，可以抑制气温上升，加上特殊的地理条件，赋予了咖啡优良的品质与特色。博客特地区的道路及基础建设等相当齐全，就咖啡的生产地而言，具有完善的天然环境。

六 多米尼加

位于北美洲。主要的咖啡产区有巴拉宏纳（Barahona）、奇宝（Cibao）、巴尼（Bani）、欧寇（Ocoa）。

咖啡种植面积约 153 000 公顷，年产量约 65 万袋，以阿拉比卡种为主。

七 萨尔瓦多

位于中美洲，两侧是洪都拉斯与危地马拉，有两座平行的高山环绕形成特殊的地形，适合栽种咖啡。

根据海拔将咖啡分等级。超过 1 200 米的高地为 SHG（Strictly High Grown）、SG（High Grown），500—590 米的低地为 CS（Central Standard）。海拔越高，等级越高。最具代表性的为匹普（Pipil）、帕卡马拉。

咖啡种植面积约 176 000 公顷，年产量约 220 万袋，以阿拉比卡种为主。

萨尔瓦多的咖啡种植业受到 1979 年尼加拉瓜革命的影响与大肆摧残，导致许多咖啡产地荒废不堪，产量暴减，20 世纪 90 年代后才开始复苏。受到内战的影响，农园无法引进新品种，只能继续栽培波本种，大约占总种植量的七成。萨尔瓦多是雨季和旱季各占半年的热带性气候，就气候条件而言非常适合种植咖啡。当地有许多火山，咖啡几乎都是种在火山山腰地带。萨尔瓦多有一种波本突变而成的帕卡斯，还有帕卡斯和象豆混种的大型帕卡马拉种，具有近似铁皮卡的明晰酸味和香气，近年来备受瞩目。萨尔瓦多种植的咖啡全为阿拉比卡种，其中又以波本种占大多数，突然出现的突变种帕卡马拉只占总量的少数百分比。

八 危地马拉

位于中美洲。咖啡主要产于韦韦特南戈（Huehuetenango）、科班（Coban）、新东方（New Oriente）三个非典型火山地质区域及艾提兰（Atitlan）、安提瓜（Antigua）、阿卡特南戈山谷（Acatenango Valley）、圣马可（San Marcos）、怀强斯（Frijanes）五大火山地质区域。

韦韦特南戈位于西北方的 1 800—2 100 米的高地，所产咖啡具有高海拔明亮的果酸味及丰富的葡萄柚香、莓香。

安提瓜区为危地马拉最有名的咖啡生产地，由阿瓜（Agua）、阿卡特南戈（Acatenago）、火地岛（Fuego）三大活火山包围，生产的咖啡香浓甘醇，闻名全球。

咖啡种植面积约286 000 公顷，产量约 460 万袋。以阿拉比卡的原生种铁皮卡、波本，亚种卡杜拉、黄波本及卡杜艾为主，以水洗咖啡为主。

以生长的高度分级，在海拔 1 350 米以上生长的称为极硬豆，在海拔 1 200—1 350 米生长的称为硬豆。

危地马拉在地理环境上本身就具有极其丰富的多样性，各个地区所生产出来的咖啡也不同，香气上也有微妙的差异。安提瓜区的地势较高，生产的咖啡带有明晰的酸味，浓稠感恰到好处。

九 波多黎各

位于中美洲。主要产于尤科（Yauco）西南部地区，上乘的咖啡为尤科特选（Yauco Selecto）与大拉雷斯尤科咖啡（Grand Lares Yauco），香、甘、醇风味俱全。

咖啡种植面积约 28 000 公顷，年产量约 30 万袋，以阿拉比卡种为主，但也种植少量的罗布斯塔种。

十 哥斯达黎加

位于中美洲。主要产于杜力阿尔巴山谷（Turrialba Valle）、中央山谷（Central Valle）、西部山谷（West Valle）、塔拉苏（Tarrazu）、三河（Tres Rios）、布伦卡（Brunca）、欧罗西（Orosi）。

塔拉苏为主要的咖啡产地，位于首都圣多斯（San Jose）的南部，优质的咖啡被称为特硬豆，所产的咖啡风味清淡，有全球知名的咖啡庄园。

咖啡种植面积约 115 000 公顷，年产量约 240 万袋，以阿拉比卡种为主，也有极少量的罗布斯塔种。

以生长的高度分级，在海拔 1 200 米以上生长的称为极硬豆，在海拔 100—1 200 米生长的称为良硬豆。

古巴

位于北美洲。以图基诺（Turquino）及特级图基诺（Extra Turquino）咖啡为主要代表，主要的特色为颗粒饱满。

咖啡种植面积约为 130 000 公顷，产量约为 30 万袋，以阿拉比卡种为主，但也有少量的罗布斯塔种。

十二 海地

位于中美洲。主要种植于北部，咖啡颗粒饱满，风味浓郁。

咖啡种植面积约为 145 000 公顷，年产量约为 50 万袋，以阿拉比卡种为主。

十三 牙买加

位于北美洲。主要产于东部 4 个行政区，有圣安德鲁（St. Andrew）地区、波兰特（Portland）、圣玛丽（St. Mary）与圣托马斯（St. Thomas）。咖啡主要的特色是口感温和，香、甘、醇。

咖啡种植面积约 9 000 公顷，年产量约 3 万袋，以阿拉比卡种为主。

只有种植于牙买加东边部分岛屿的咖啡才能称为蓝山咖啡，且种植高度需有 1 500—2 000 米，种植于蓝山区域外的高山咖啡称为牙买加高山咖啡，种植高度需有 500—1 500 米。每年于 1—4 月开花，收获期为 8—9 月。

在 1953 年，牙买加政府以管理咖啡品质为目标，创立了 Coffee Industry Bureau（CIB）机构。这是世界上首次出现的以地理上的特定地点来作为咖啡类别，并加以订立品牌的个案。之后由牙买加外销的咖啡豆必须经由 CIB 管销，其中对蓝山咖啡的定义特别严格，必须是“在法律指定的蓝山地区种植，并由法律规定的精制工厂加工处理而成的咖啡”。符合如此严密的程序与规定，才算是正统的蓝山咖啡。

十四 尼加拉瓜

位于中美洲。主要种植于北部及中部。最好的咖啡豆产于马塔加尔帕（Matagalpa）的希诺特加（Jinotega）与新塞哥维亚（Nuevo Segovia）。所产的豆子酸味适中，香气宜人。

咖啡种植面积约 100 000 公顷，产量约 120 万袋，以阿拉比卡种为主，以水洗咖啡为主。

十五 墨西哥

位于北美洲。主要产于南部恰帕斯（Chiapas）、瓦哈卡（Oaxaca）、阿尔图拉科塔配克（Altura Coatepec）三个地区。

咖啡种植面积约 755 500 公顷，年产量约 633 万袋，以阿拉比卡种为主，但也有少量的罗布斯塔种。以水洗咖啡为主。

十六 埃塞俄比亚

位于东非。主要分为九大产区：耶加雪菲（Yirgacheffe）、哈拉（Harer）、西达摩（Sidamo）、利姆（Limmu）、内格默特（Nekemate）为精品产区，金马（Djmma）、伊鲁巴柏（Illubabor）、铁比（Teppi）、贝贝卡（Bebeka）为商用产区。咖啡产量世界排名第五。

咖啡种植面积约 600 000 公顷，年产量约 300 万袋，以阿拉比卡种为主。

埃塞俄比亚是阿拉比卡种的原产地，同时也是目前世界上已知最古老的咖啡消费国。

埃塞俄比亚当地固有的原生品种咖啡大约有 3 500 种，在庞大的遗传基因中精挑细选出来的咖啡，就是埃塞俄比亚现在大规模种植的品种。咖啡的生产在经济层面上对埃塞俄比亚极为重要，全国人口大约有 20%（约为 1 500 万人）以咖啡生产相关行业为生。而埃塞俄比亚最大的外销品也是咖啡，占全国外销物品总量的 35%—40%，因此埃塞俄比亚可以说是不折不扣的咖啡生产大国。此外，与非洲地区其他咖啡生产国不同的是，在埃塞俄比亚，一般大众平时就有饮用咖啡的习惯，国内生产的咖啡，有 30%—40%都由本国人民消费。从各个方面来说，埃塞俄比亚几乎与咖啡画上了等号，人们每天的生活都离不开咖啡。

埃塞俄比亚咖啡的香气出类拔萃。耶加雪菲独特的味道，带有桃子或杏仁般的香气，受到世界各地人们的欢迎。埃塞俄比亚除了耶加雪菲之外，还有西达摩、利姆等，一向以水洗式精制咖啡而闻名。

埃塞俄比亚咖啡的评鉴制度，是以 300 克生豆的缺陷豆数，以及杯测水平（咖啡萃取液的风味）来分级。其中最受重视的就是杯测品质，外销的规格从最高等级的第 1 级开始，直至第 5 级。在直接众多的咖啡生产国中，只有埃塞俄比亚咖啡多达 5 个等级。

十七 肯尼亚

位于东非。肯尼亚是阿拉比卡种咖啡原产国——埃塞俄比亚的邻国。肯尼亚的咖啡产量有60%来自约70万户的小规模农家，其他产量则由约4 000个农园供应。包括内罗毕（Nairobi）的东北部到西北部之间的肯尼亚山周围，以及阿布戴尔（Aberdare）山脉周边。其他像卢威鲁（Ruiru）、锡卡（Thika）、恩布（Embu）、梅鲁（Meru）、尼耶力（Nyeri）等也是知名产地。国土西部接近乌干达、坦桑尼亚国境处的基塔莱（Kitale）、布塔雷（Butare）等地区也有种植咖啡。

咖啡种植面积约153 000公顷，年产量约120万袋，以阿拉比卡的亚种——SL28、SL34为主要品种，以水洗咖啡为主。

以豆子的大小为咖啡分级，分为AA＋、AA、AB、C、E、TT、T。

自20世纪70年代起至80年代中期，肯尼亚的咖啡外销量一直维持在全国外销总量的40%以上，对肯尼亚的整体经济发展起到了重要的的作用，但现在已经降到4%以下。虽然外销量大大降低，但肯尼亚仍然致力于品种改良、改善加工以及开放销售渠道等方面，因此肯尼亚的咖啡在世界各地都能得到高度评价。纵观全球的精品咖啡市场，肯尼亚依然是生产重地。以耐日晒的SL28种与高地的SL34种为主要品种。

肯尼亚的首都内罗毕，每周二都会举办咖啡拍卖，通常只有取得授权的外销业者才能参与。后来因管制放松，咖啡的买卖已经不一定经过拍卖，但大多数咖啡至今仍通过拍卖流通，这样才能确保品质不断提升。

十八　坦桑尼亚

位于东非。以乞力马扎罗（Kilimanjaro）山的莫希（Moshi）区出产的上乘坦桑尼亚查格AA级（Chagga AA）而闻名。

咖啡种植面积约275 000公顷，年产量约80万袋，以阿拉比卡种为主，但也有少量的罗布斯塔种，以水洗咖啡为主。

坦桑尼亚约有40万户农家，以平均每户1—2公顷的小规模面积，支撑坦桑尼亚咖啡95%的总生产量，剩下的5%才由农园生产。坦桑尼亚国内的产地分散在国土靠外围的部分，东北部大多种植波本与肯特种，另外还有以罗布斯塔种为主的市中心西部，以肯特种为主的南部，国内的栽种环境差异较大。坦桑尼亚的咖啡品种以阿拉比卡种为主，产量占80%，剩下的20%是罗布斯塔种。

十九　乌干达

位于东非。主要产于北部的埃尔贡（Elgon）山区、布吉苏（Bugisu）山区及西部的鲁文佐里（Ruwenson）山区。

咖啡种植面积约355 000公顷，年产量约300万袋，以罗布斯塔种为主。

二十 卢旺达

位于中非。咖啡种植面积约 37 000 公顷，年产量约 60 万袋，以阿拉比卡种为主。

经由殖民地贸易的政策，各地的农户都被规定每户需种植 70 棵咖啡树，由此开创了卢旺达的咖啡生产历史。

卢旺达与其他咖啡生产国不同，至今仍然没有大规模的庄园，而是由 50 万户小规模农户进行咖啡的种植，一个农户平均栽种约 200 棵咖啡树，因此卢旺达的咖啡产业正是由这些小规模的农户撑起的。小农户使用海拔 1 500—2 000 米的高地火山灰土壤，采用非添加农药或有机肥料的自然栽培法，兼具了重视品质及保护环境的理念。

干燥时以日光暴晒法为主，经过水洗的咖啡豆会在干燥棚放两周以上，让水分含量降到 10.5%为止。还会以手工拣掉颜色或是外观不佳的咖啡豆。

二十一 喀麦隆

位于非洲中西部。主要产于巴米累克（Bamileke）和巴蒙（Bamoun）地区，咖啡所种植出的风味与南美洲的咖啡相当。

咖啡种植面积约 370 000 公顷，年产量约 100 万袋，以阿拉比卡种、罗布斯塔种为主。

二十二 安哥拉

位于非洲西南部。代表品种有安布里什（Ambriz）、安巴利姆（Amborm）、新里东杜（Novo Redondo）。

咖啡种植面积约 500 000 公顷，产量约 20 万袋，以罗布斯塔种为主。

二十三 印度

位于南亚。主要产于卡纳塔克（Karnataka）邦，以及西南部喀拉拉（Kerala）邦的特利切里（Tellichery）与马拉巴尔（Malabar）及东南部的泰米纳德（Tamil Nadu）。咖啡等级可分为 A 级、B 级、C 级、T 级，口感滑润，颗粒均匀。

咖啡种植面积约 245 000 公顷，年产量约 500 万袋，以阿拉比卡种及罗布斯塔种为主。

季风咖啡为印度咖啡的特色，可分为三级：

（1）季风马拉巴尔 AA 级（Monsooned Malabar AA）咖啡。

（2）季风巴桑尼克利级（Monsooned Basanically）咖啡。

(3) 季风阿拉比卡碎豆级（Monsooned Arabica Triage）咖啡。

咖啡小知识

季风咖啡

17—18 世纪，印度将咖啡豆运往欧洲时，因路途遥远，到达欧洲需几个月，而旅途中湿度高，绿色的生豆抵达欧洲时便成为黄色，成为另一种不同风味。

后来因为交通发达缩短了船运的时间，黄色的咖啡豆变成绿色的咖啡豆，但消费者已经习惯了黄色咖啡豆的风味，所以印度就在每年的五六月在西南部出现季风现象时将咖啡豆堆置于特制的房屋中，约 12—13 厘米的厚度，5 天后再一遍又一遍地翻动，让所有的咖啡都能吸收到相当的湿气，再将咖啡豆放置袋打开，使季风能吹进咖啡豆中。大约需要 7 个星期咖啡才能改变颜色及风味，其间也需将咖啡豆换至另外的袋中，以使咖啡的风味均匀。

二十四　印度尼西亚

位于东南亚。主要的产地为爪哇岛（Java）、苏门答腊岛（Sumatra）、苏拉威西岛（Sulawesi）、弗洛雷思岛（Flores）。

印度尼西亚的阿拉比卡种咖啡虽然大多数生产于海拔 1 000 米以上的地区，但数量不到印度尼西亚咖啡总量的 10%。印度尼西亚种植的咖啡有 90%都是罗布斯塔种。印度尼西亚的咖啡栽种地大都在赤道以南的区域，收获期在 4—10 月。而位于赤道以北的苏门答腊岛，收获期却在 10 月至次年 4 月，当地种植人员能够以较悠闲的步调来进行采收工作。

咖啡种植面积非常广大，年产量约 7 300 万袋，以罗布斯塔种为主。

咖啡小知识

19 世纪前，越南原本种植阿拉比卡种，但于 19 世纪中叶时因为叶锈病，咖啡树受到很大的伤害，为防止叶锈病才改种抗叶锈病的罗布斯塔种。

二十五　菲律宾

位于东南亚。咖啡种植面积约 145 000 公顷，年产量约 120 万袋，以罗布斯塔种、利比瑞卡、阿拉比卡种为主。

二十六 中国

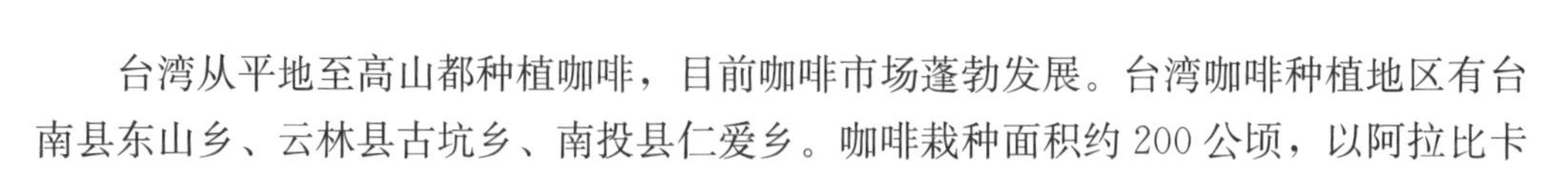

台湾从平地至高山都种植咖啡，目前咖啡市场蓬勃发展。台湾咖啡种植地区有台南县东山乡、云林县古坑乡、南投县仁爱乡。咖啡栽种面积约 200 公顷，以阿拉比卡种为主。

云南咖啡产量较大，近年年产量约 2.6 万吨，占全国产量的 90%。主产品种是阿拉比卡种，即所谓的小粒种咖啡，国内俗称云南小粒种咖啡。云南优质的地理、气候条件为咖啡生长提供了良好的环境，种植区有临沧、保山、思茅、西双版纳、德宏等地。云南自然条件与哥伦比亚十分相似，即低纬度、高海拔、昼夜温差大，出产的小粒种咖啡经杯品质量分析属醇香型，其质量、口感类似于哥伦比亚咖啡。

云南西部和南部地处北纬 15°至北回归线之间，大部分地区海拔在 1 000—2 000 米，地形以山地、坡地为主，且起伏较大，土壤肥沃、日照充足、雨量丰富、昼夜温差大，这些独特的自然条件形成了云南小粒种咖啡口味的独特性——浓而不苦，香而不烈，略带果味。

云南咖啡的种植历史可追溯到 1892 年。一位法国传教士从境外将咖啡种带进云南，并在云南宾川县的一个山谷里种植成功。这批咖啡种子繁衍的咖啡植株至今在宾川县仍然有三十多株在开花结果。

目前，云南省咖啡种植面积占全国面积的 70%，产量占全国的 83%。无论是从种植面积还是咖啡豆产量来看，云南咖啡已确立了在中国国内的主导地位。

课程思政小故事

咖啡与“一带一路”

除中国外的 25 个咖啡主要生产国都集中在南美洲、中北美洲、非洲和亚洲，产量占全球咖啡产量的 95%以上，绝大多数是发展中国家，其中 17 个国家已与我国签署共建“一带一路”合作文件。

“一带一路”是“丝绸之路经济带”和“21 世纪海上丝绸之路”的简称，是 2013 年 9 月和 10 月由习近平先后提出的合作倡议。截至 2020 年 1 月底，中国已经同 138 个国家和 30 个国际组织签署了 200 份共建“一带一路”合作文件。6 年多来，共建“一带一路”倡议得到了越来越多国家和国际组织的积极响应，受到国际社会的广泛关注，影响力日益扩大。

共建“一带一路”倡议源自中国，更属于世界；根植于历史，更面向未来；重点面向亚欧非大陆，更向所有伙伴开放。共建“一带一路”跨越不同国家地域、不同发展阶段、不同历史传统、不同文化宗教、不同风俗习惯，是和平发展、经济合作的倡议。

模块三 咖啡冲煮方式

一 压力式咖啡

压力式咖啡主要分为意大利式和西雅图式。

意大利是浓缩咖啡（Espresso）的发源地。一杯浓缩咖啡为25—30毫升。在意大利，咖啡师会依照客人喜好而调整咖啡的分量。例如：想喝一杯较浓的咖啡，可点15毫升浓缩咖啡（Ristretto），想喝一杯较淡的咖啡，可点35毫升浓缩咖啡（Lungo）或60毫升浓缩咖啡（Doppio）。意大利式咖啡以卡布奇诺为代表。

西雅图式浓缩咖啡一杯30毫升，称为Shot，又称为Single，若要两份称为Double、三份称为Triple。西雅图式咖啡最大的魅力是顾客可依照自己的口味浓度需求选择，分为小杯（容量约240毫升）、中杯（容量约360毫升）、大杯（容量约480毫升），顾客可选择喜爱的浓度。西雅图式咖啡以拿铁为代表。两大主流的咖啡均是浓缩咖啡加上鲜奶的组合，在不同的国家呈现不同的风味。

浓缩咖啡主要是借助压力将填紧的咖啡粉极速萃取所产生的浓稠的咖啡，一杯完美的浓缩咖啡需有特殊的芳香（Aroma）、褐红色的极细油脂（Cream）、醇厚的口感（Body）、丰富的风味（Flavor）与舒服的余味（After-taste）。制作浓缩咖啡一般以意式咖啡机为主。

意式咖啡机可分为家庭用、办公用以及营业用。营业用咖啡机可分为全自动与半自动两种。使用咖啡机时，热完机器后，须将第一杯水放掉，主要的目的是将前一天机器所存留的水放掉。

浓缩咖啡运用咖啡机锅炉的热水，带动水的压力，产生9个大气压的压力，用25秒将咖啡中的精华油脂与胶质萃取。

制作浓缩咖啡，要先研磨咖啡粉，需要多少磨多少，不要磨太多置于分量器中，所磨的粗细需如同面粉般的细度。因磨豆机型号不同，所以此处暂不写磨豆号数。研磨咖啡粉时，需与咖啡机的水流量搭配，若流速太快说明粉末太粗，若流不出说明粉末太细。

完美的浓缩咖啡需有高压的热水、研磨及填压才能均衡地萃取咖啡的成分。

填压的目的是为使热水能均匀流入咖啡粉中，完美填压是咖啡的油脂及芳香成分充分展现的重要步骤。

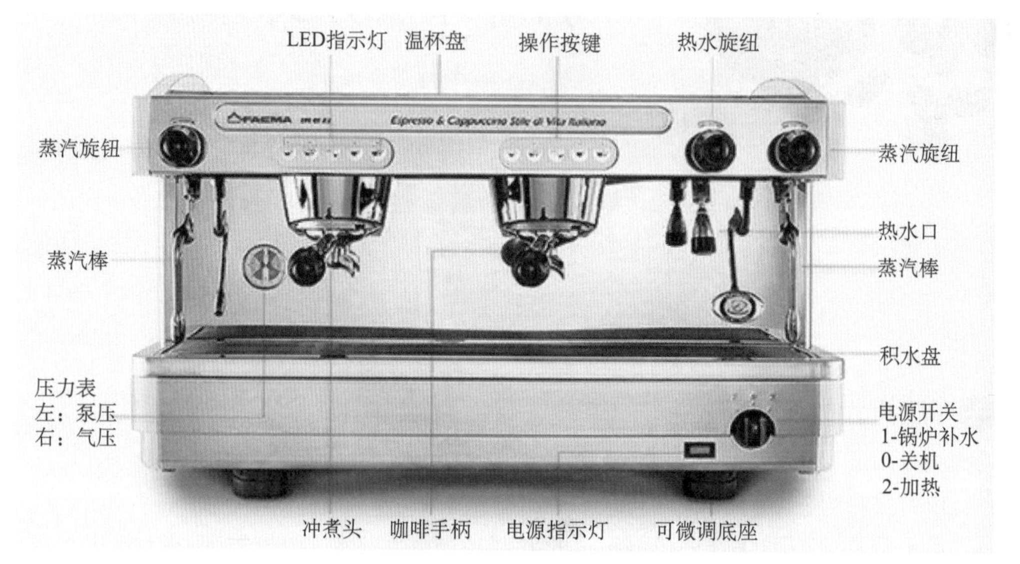

图 3-1 半自动咖啡机功能构造

图 3-2 意式浓缩咖啡

（一）浓缩咖啡冲煮步骤

浓缩咖啡冲煮步骤如表 3-1 所示。

表 3-1 浓缩咖啡冲煮步骤

1. 研磨咖啡粉，将咖啡粉放置在咖啡把手过滤器内，让咖啡粉成山丘状		2. 用手刀将咖啡粉抹平	

续前表

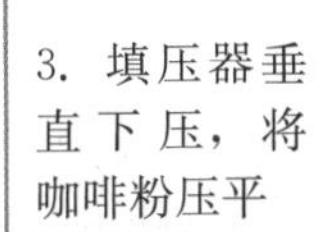 3. 填压器垂直下压，将咖啡粉压平		4. 将咖啡把手扣住蒸煮头	
5. 萃取咖啡			

（二）制作奶泡

浓缩咖啡的冲煮步骤

利用蒸汽加热牛奶，西雅图式的奶泡绵密、细致、光滑，与浓缩咖啡结合时有入口即化的口感，最具代表性的是热拿铁。意大利式的奶泡因将空气打入较多，故会产生较粗的奶泡，最具代表性的是卡布奇诺。

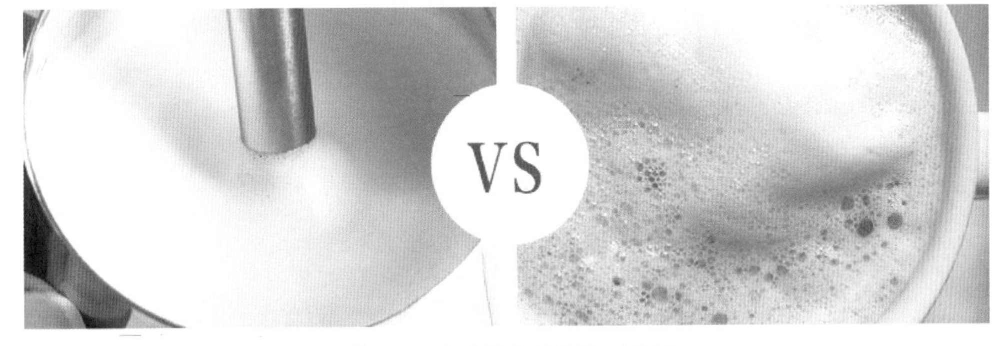

图 3-3　细奶泡与粗奶泡对比图

制作奶泡可使用营业用咖啡机、家庭用咖啡机及手动奶泡壶。营业用咖啡机的蒸汽出孔有 3—4 个，可均匀地将牛奶加热。家庭用咖啡机的蒸汽出孔一般为 1 个，较不容易将牛奶打得绵密，在家使用的话，手动奶泡壶是一个很好的选择，可以做出一杯好的卡布奇诺及拿铁咖啡。

1. 西雅图式热奶泡打法

西雅图式热奶泡打法如表 3－2 所示。

表 3－2 西雅图式热奶泡打法

1. 向奶缸中倒入 200 毫升牛奶		4. 打开蒸汽阀且开到底	
2. 将蒸汽喷出		5. 当温度达到 70℃ 时，将蒸汽阀关掉	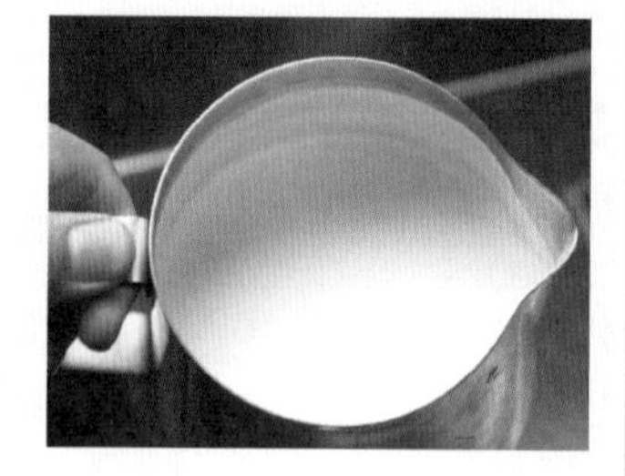
3. 将蒸汽管喷头放在深入牛奶表面约 0.5 厘米处	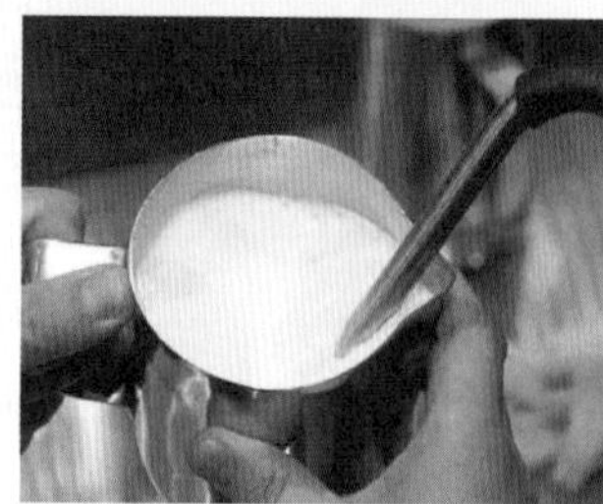		

2. 意大利式热奶泡打法

（1）向奶缸中倒入 200 毫升牛奶。

图 3－4 不同容量的奶缸

（2）将蒸汽喷出。

（3）将蒸汽管喷头放在深入牛奶表面约 0.5 厘米处。

图 3-5　蒸汽管喷头放置图

(4) 打开蒸汽阀且开到底。

(5) 将蒸汽管喷头拉至表面加热至约 70℃时，将蒸汽阀关掉。

制作奶泡的方法

3. 手动奶泡壶使用方法

手动奶泡壶使用方法如表 3-3 所示。

图 3-6　手动奶泡壶

表 3-3　手动奶泡壶使用方法

1. 拿出壶盖及拉杆	2. 在壶中倒入 1/2 杯牛奶	3. 上下按压杆头 30 秒即可打出细腻的奶泡，打发时间越久，奶泡越硬，时间越短则奶泡越柔软
		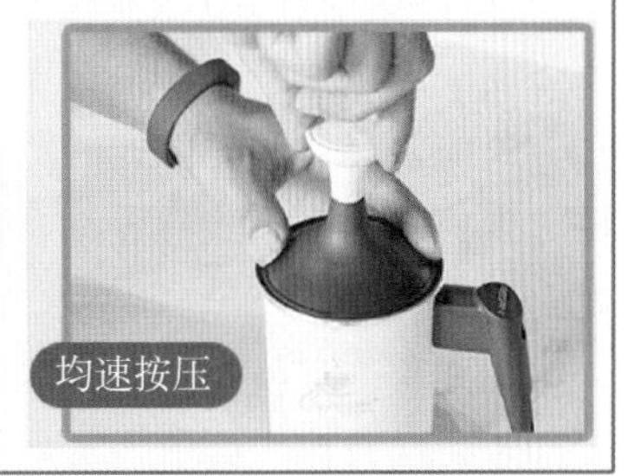

（三）拉花

将打发的牛奶与浓缩咖啡充分融合。

1. 拉花方法

（1）在 1/3 处选点注入，咖啡杯倾斜 30 度左右，提高拉花缸杯 10 厘米以刺破咖啡油脂。

（2）降低拉花缸杯，使拉花缸杯贴住咖啡杯口，保持一定的流量，左右呈 1 厘米宽度均匀摆动，使表面出现白点。

（3）随着晃动缸杯操作，形状不断变大。此时注意：拉花缸杯千万不要往后退，并继续定点保持流量摆动。

（4）当杯量越来越多时，咖啡杯要慢慢放平，防止溢出。继续晃动缸杯可使得心形图形更具层次线条感。

（5）杯量达 9 分满时，缓缓提起缸杯，收细流量，慢慢往心形前端注入。

（6）牛奶的收线位置，决定了心形左右大小的匀称度。

（7）收线结束的时刻，即是杯量达满而不溢之时，此时的咖啡杯中奶泡厚度应在 1—1.5 厘米，一杯漂亮的心形卡布基诺咖啡就制作完成了。

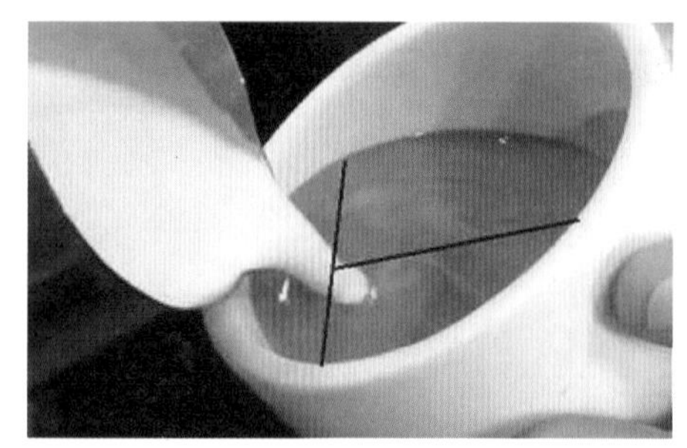

图 3-7　咖啡拉花手法

2. 咖啡初学者需要知道的咖啡拉花技巧

（1）奶泡一定要细腻而绵密，同时一定要将奶泡和牛奶充分混合，不能让它们分层，否则奶泡和牛奶倒入咖啡杯中的时候会出现牛奶和咖啡混合，而上面是一堆奶泡的情况。

（2）蒸汽管的出汽方式主要分为外扩张式和集中式两种。不同形式的蒸汽管，出汽强度跟出汽量不同，再加上出汽孔的位置跟孔数的变化，就会造成在打牛奶时角度跟方式的差异。外扩张式的蒸汽管在打发牛奶时不可以太靠近缸杯边缘，否则会产生乱流现象；而集中式的蒸汽管在角度上的控制就要比较注意，不然很难打出良好的牛奶泡组织。

（3）蒸汽量越大，打发牛奶的速度就越快，但相对的会产生较粗的奶泡。蒸汽量大的方式适合用于较大的缸杯，太小的缸杯容易产生乱流的现象。蒸汽量较小的蒸汽管，牛奶发泡效果较差，但好处是不容易产生粗大气泡，打发打绵的时间较久，整体的掌控会比较容易。

（4）开始倒入牛奶时，我们应该将拉花缸杯提高，让牛奶的流速以细长而缓慢的方式注入，这样做的目的是压住白色泡沫，不让其上翻，这样才能使牛奶和咖啡充分融合。

（5）当我们注入牛奶到达咖啡杯一半的高度时，应将拉花缸杯的高度降下，同时注入牛奶的方式发生改变，这时的牛奶流速是快而粗的，这样的目的是使白色奶泡上翻，方便我们拉花。

（6）当看到白色奶泡浮出时，左右摇晃，杯中会开始呈现白色的“之”字形奶泡痕迹。

（7）逐渐往后移动拉花杯，并且缩小晃动的幅度，最后收杯时往前一带，顺势拉出一道细直线，画出杯中叶子的梗作为结束。

图 3-8 咖啡拉花手法图

（四）意式咖啡机使用时的注意事项

咖啡拉花

（1）吧台准备工作时，需先将咖啡机开机，在准备下班收档工作时，关机且将两边的蒸汽管打开排出蒸汽，待蒸汽排完后，再将蒸汽管转回关好。

（2）开机时，检查咖啡的水压，最适当的压力为 8—9 bar。

（3）开机一段时间后，检查锅炉内工作区的压力表，指针上升至绿色区域时，可将两侧蒸汽管开关开启，并将前日所残留的水排出。

（4）加热牛奶前需将蒸汽管开关开启，将蒸汽喷出，打完奶泡后，需立即用湿布将蒸汽管擦拭干净，且将蒸汽放出。

二 虹吸式咖啡

1940年，英国的海军工程师罗伯特·内皮尔发明了虹吸式咖啡壶。虹吸式咖啡壶可分为一人份、二人份、三人份、五人份。煮1杯150毫升的咖啡时，建议使用2人份咖啡壶，煮2杯时建议使用3人份咖啡壶，煮3杯时建议使用5人份咖啡壶。

（一）煮虹吸式咖啡需要注意的三大要素

1. 分量

煮1杯咖啡时，需先了解杯子的大小，决定咖啡使用的分量，以150毫升为例：

（1）中度烘焙咖啡豆约20—25克。

（2）深度烘焙咖啡豆约8—12克。

2. 水量

以煮1杯150毫升的咖啡为例，需加入160毫升的水。

3. 时间

需根据咖啡粉所磨的粗细及火的大小决定，一般以1号半的研磨刻度，煮的时间约为45秒，以木棒搅拌使咖啡均匀。

搅拌的目的，一是使粉末均匀地散布在热水中，还可以调整温度；二是改变方向及速度，同时调整温度；三是使粉末集中在中央保持香味。

搅拌时注意事项：

不能搅拌太多，否则咖啡容易释放出酸味；

火焰不能太大，否则咖啡容易释放出苦味。

（二）虹吸式咖啡制作

虹吸式烹煮咖啡方法可分为1段式和2段式。

1. 1段式煮法

材料：咖啡粉20克、咖啡研磨器2号、水160毫升。

（1）取热水，将滤网浸泡热水。将热水倒入下座TC－A2的位置，用抹布将下座擦拭干。

（2）酒精灯点火（检查火焰，注意旺火或虚火）。

（3）将滤网穿过玻璃管，将弹簧勾住玻璃管的一端。

（4）将咖啡粉倒入上座。

（5）待水沸腾时，将上座插入下球。

(6) 以木棒搅拌数下（第一次搅拌）；约 20 秒后再搅拌数下（第二次搅拌）。

(7) 约 20 秒，将火移开，再进行第三次搅拌。

(8) 用湿抹布将下球包住，使上球的咖啡液流至下球。

(9) 将上球拔起，把咖啡倒入温过的咖啡杯中。

2. 2 段式煮法

2 段式煮法如表 3－4 所示。

表 3－4　2 段式煮法

1. 中等研磨度	2. 将滤布套在滤片上，过滤片圆珠端拉出，钩在管子一端

3. 开始注水，水是粉重量的 10 倍，可根据口味调整，加热前一定要擦净外表面的水珠	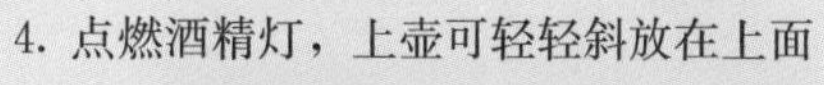 4. 点燃酒精灯，上壶可轻轻斜放在上面

5. 出现小圆珠气泡后，竖直插紧上壶，等待水位上涨	6. 水位上涨到一半便可以加粉

续前表

7. 将咖啡粉搅拌，让咖啡在上壶煮一分钟，中途可再搅拌	8. 烹煮结束，关掉酒精灯，咖啡慢慢从上壶流回下壶

虹吸壶式咖啡的制作

（三）虹吸式咖啡的烹煮注意事项

（1）烹煮咖啡时，需注意咖啡分量、烹煮的水量、烹煮的时间，所使用的烹煮器具不同，分量、水量、时间亦不同。

（2）一组全新的虹吸壶，最可能影响咖啡风味的部分是新滤布和新木棒，所以新滤布使用时需先用热水煮沸。

三 冲泡式咖啡

冲泡式咖啡可分为滤杯式、法兰绒滤布式、越南滴漏式三种方式。

（一）滤杯式

一般可分为梅丽塔单孔式杯及卡丽塔三孔式杯。梅丽塔单孔式杯为德国梅丽塔夫人发明的，深受德国人喜爱；卡丽塔三孔式杯由日本人制作，也被广泛使用。

使用不同的滤杯，咖啡研磨的粗细亦不同，梅丽塔单孔式杯因为只有 1 个孔，所以热水在咖啡粉内停留的时间比较长，卡丽塔三孔式杯因为有 3 个孔，所以可以迅速萃取咖啡，使用时需了解不同滤杯的特性。

冲泡咖啡最重要的是水温及水流量，当热水通过咖啡粉末时，咖啡会膨胀，呈现闷蒸的状态。这个步骤会影响咖啡的味道，水温过高会萃取出咖啡的苦味，水温过低会萃取出咖啡的酸味，冲泡时需根据咖啡的味道决定水温。做冰咖啡时可使用较高的水温，热咖啡的水温约 82℃—85℃，水流量需控制在小拇指的一半，速度要一致，不可忽快忽慢，所以选择冲壶时，可选择长嘴细口壶，较容易控制水量。

滤杯式咖啡所需要的器具是滤杯和滤纸。

滤杯的材质有亚克力、瓷、玻璃及金属，容量可分为 1—2 人份、3—4 人份、4—7 人份。

图 3-9　不同的滤器

图 3-10　手冲壶

滤纸的折法如表 3-5 所示。

表 3-5　滤纸的折法

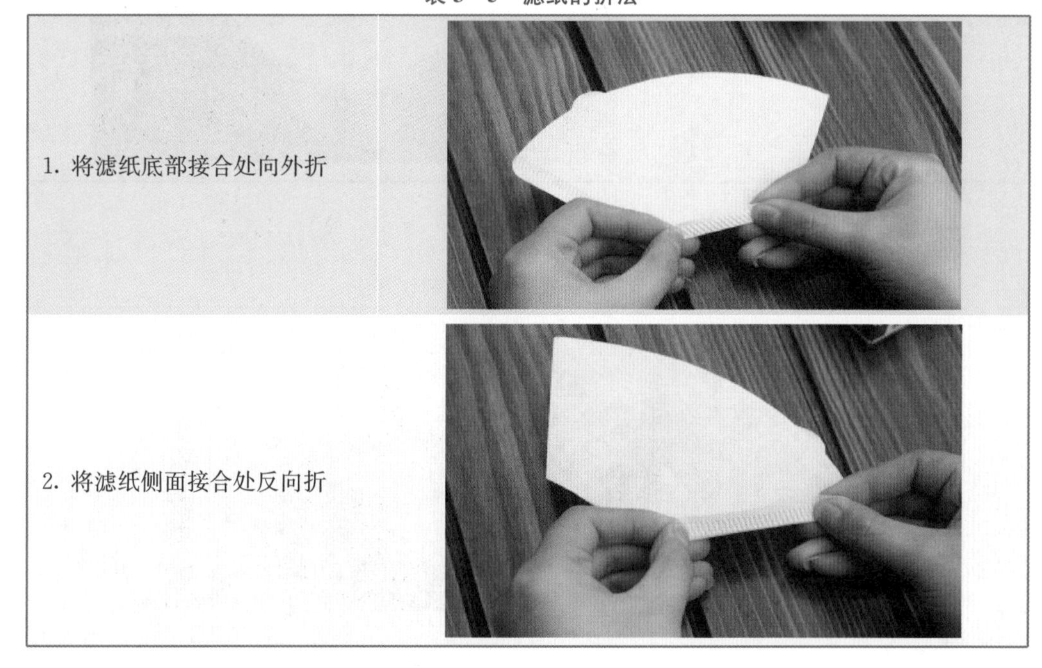

1. 将滤纸底部接合处向外折	
2. 将滤纸侧面接合处反向折	

续前表

3. 将滤纸侧面按住摊平	
4. 将滤纸另一侧面按住摊平	
5. 将滤纸撑开放入滤杯即可	

滤杯式手冲咖啡的制作方法如表 3-6 所示。

表 3-6　滤杯式手冲咖啡制作方法

准备工具：手冲壶、滤杯、滤纸、细口壶、磨豆机、电子秤、温度计、量豆勺	

续前表

1. 秤豆：称取适量咖啡豆放于接粉器中（一般取用咖啡是 10 克每人，可根据个人口味及需求秤取）	
2. 磨豆：使用手摇磨豆机磨咖啡豆，磨好后将粉倒入接粉器中待用	 
3. 折滤纸：拿出一张 V 形滤纸，其一边是经过机器压合的，边缘较厚。先将厚的一边折起，压平，再打开滤纸对齐两条中线，轻轻压一下即可。最后将折好的滤纸放入滤杯中（滤纸的选择：滤纸分大、小型号，按选择的滤杯选择）	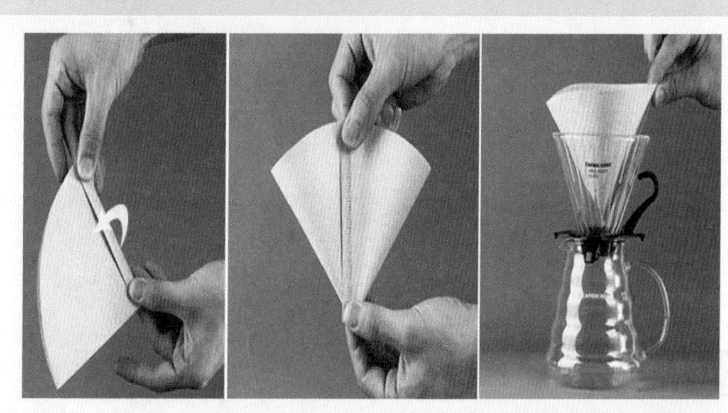
4. 加热水：用温度计测量水温，手冲的水温区间比较大，在 83℃—95℃均可，但是不同水温口感差别很大，不同的豆子、不同的烘焙度需要的水温都是不同的	
5. 湿滤纸：将热水均匀地冲在滤纸上，使滤纸全部湿润，紧紧贴附在滤杯上，然后倒掉分享壶内的热水（湿滤纸的原因有三：冲掉滤纸的杂质和纸味；使滤纸贴附在滤杯上；温热滤杯和分享壶）	

续前表

6. 倒粉：将磨好的咖啡粉倒入滤杯中，轻轻拍平，防止萃取的时候不均匀	
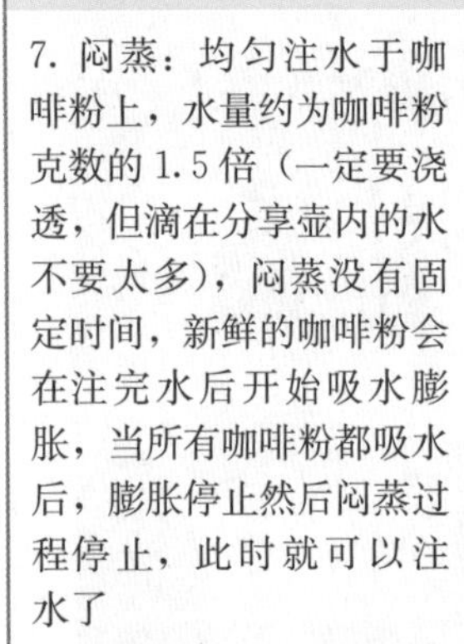 7. 闷蒸：均匀注水于咖啡粉上，水量约为咖啡粉克数的1.5倍（一定要浇透，但滴在分享壶内的水不要太多），闷蒸没有固定时间，新鲜的咖啡粉会在注完水后开始吸水膨胀，当所有咖啡粉都吸水后，膨胀停止然后闷蒸过程停止，此时就可以注水了	
8. 注水：新手做手冲以均匀为要，不用刻意追求冲法，只要均匀了就不会很难喝，建议从中点开始注水，然后顺着一个方向画同心圆直至中心，如此反复就可以了，水流要保持稳定	
9. 完成：萃取结束，停止注水，拿掉滤杯，将分享壶里的咖啡倒入温好的咖啡杯中	

手冲咖啡的制作

咖啡小知识

滤杯内部的沟槽是为防止冲泡咖啡时滤纸移位，使滤纸附在滤杯的杯壁上，让空气只能从杯底滤孔排出，若滤杯与滤纸无法贴合，空气会由咖啡表面裂开，无法达到闷蒸的效果。

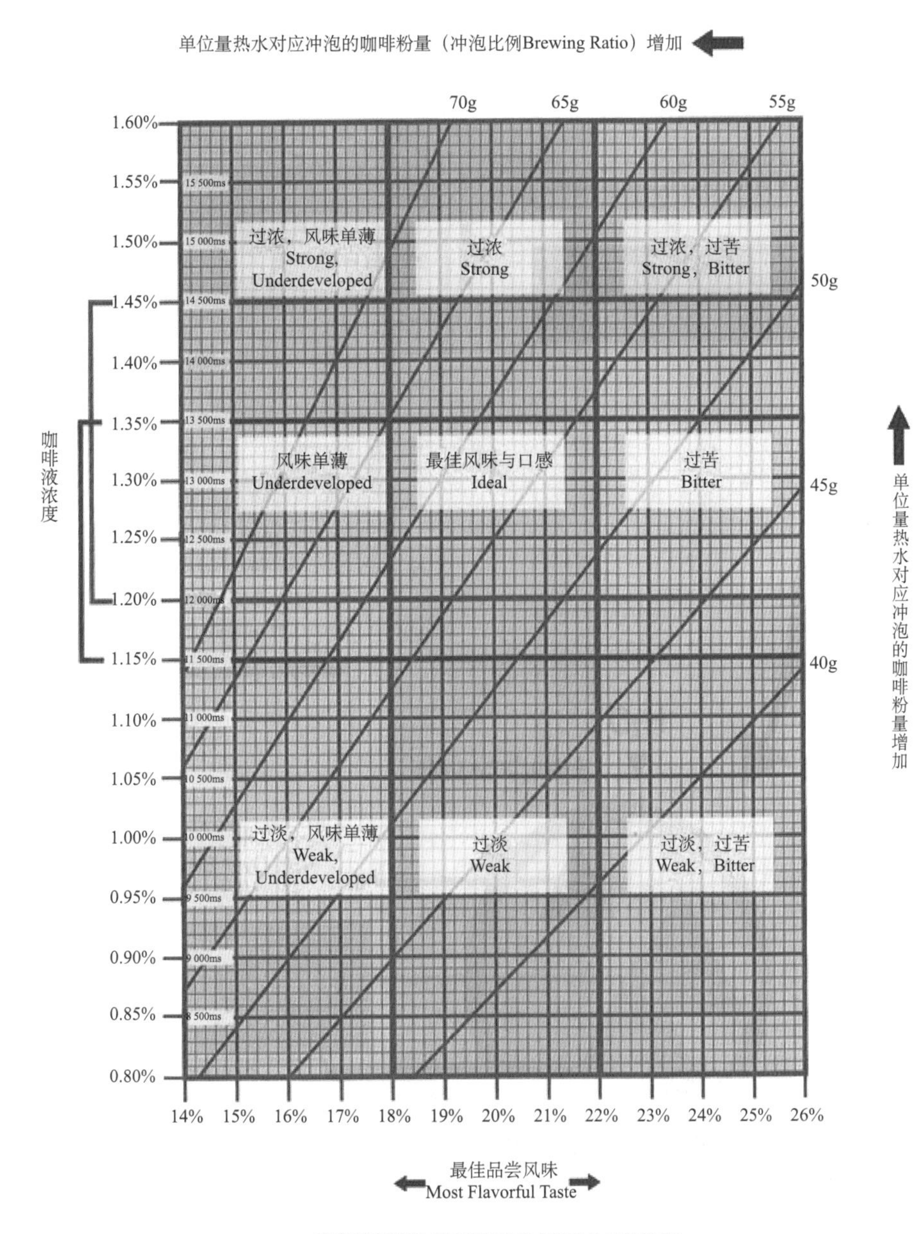

图 3-11 滤泡式咖啡冲泡技术控制图

滤泡式咖啡萃取率的计算：

$$萃取率=\frac{咖啡粉量（g）－咖啡渣残量（g）}{咖啡粉量（g）}\times 100\%$$

$$萃取率=\frac{咖啡饮品重量（g）\times 咖啡浓度}{咖啡粉量（g）}\times 100\%$$

$$浸泡法萃取率概算=\frac{冲煮用水量（g）\times 咖啡浓度}{咖啡粉量（g）}\times 100\%$$

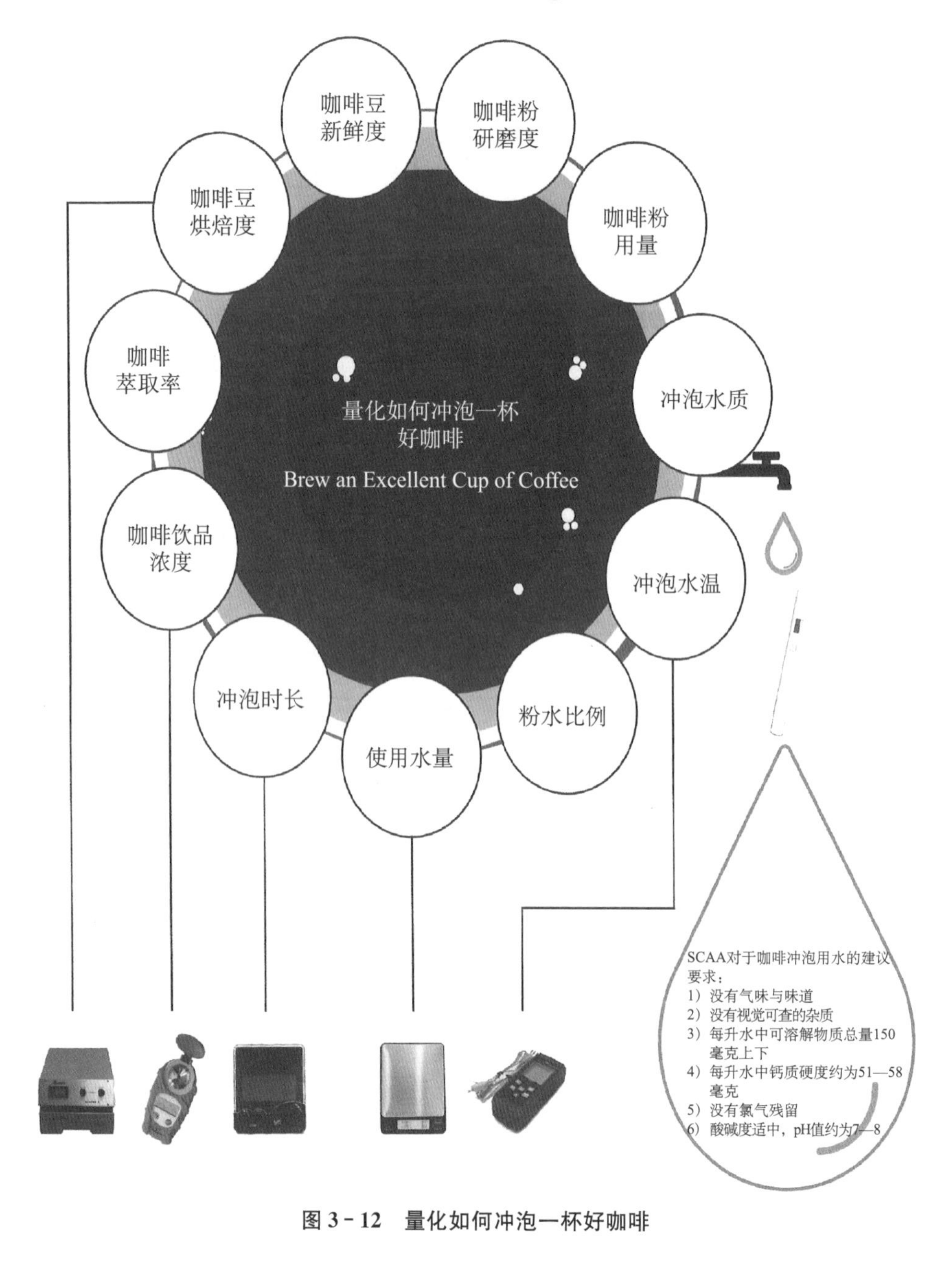
咖啡豆新鲜度
咖啡粉研磨度
咖啡粉用量
冲泡水质
冲泡水温
粉水比例
使用水量
冲泡时长
咖啡饮品浓度
咖啡萃取率
咖啡豆烘焙度
量化如何冲泡一杯好咖啡
Brew an Excellent Cup of Coffee
SCAA对于咖啡冲泡用水的建议要求：
1）没有气味与味道
2）没有视觉可查的杂质
3）每升水中可溶解物质总量150毫克上下
4）每升水中钙质硬度约为51—58毫克
5）没有氯气残留
6）酸碱度适中，pH值约为7—8

图 3－12　量化如何冲泡一杯好咖啡

表 3-7　咖啡萃取记录表

年　月　日　　　室温：　℃　　　湿度：　%

咖啡名称及产地： 烘焙日期（Roasting Date）： 烘焙度：☐ 浅焙　☐ 中焙　☐ 中深焙　☐ 深焙 磨豆机（Grinder）：	处理方式： 烘焙后第　天 Agtron：#　（豆）#　（粉） 粗细度（刻度）：	包装储存： 粉量（Dose）：　g
总体评价：☐ 优秀 Excellent　☐ 合格 Good　☐ 失败 Unsuccessful		
☐ v60 ☐ Mellita 美乐家 ☐ Kono ☐ Caff ☐ Clever ☐ Key Coffee ☐ Chemex ☐ Kalita ☐ 爱乐压 ☐ 法压壶 ☐ 虹吸壶	水质：________ ppm　pH 值：________ 冲泡水温（Temp）：________℃ 冲泡时间（Time）：________ m ________ s 冲泡水量（Water）：________ g 咖啡重量（Beverage Weight）：________ g 咖啡浓度（TDS）：________% 萃取率（Extraction）：________%	酸 高 中 低　甜 高 中 低 苦 高 中 低　醇厚度 高 中 低 风味：热（H）________ 温（W）________ 冷（C）________ 干净度：☐ 好　☐ 不好
备注 Notes：		

备注Notes:

0″ — 10″ — 20″ — 30″ — 40″ — 50″ — 1′00″ — 1′10″ — 1′20″ — 1′30″ — 1′40″ — 1′50″ — 2′00″ — 2′10″ — 2′20″ — 2′30″ — 2′40″ — 2′50″ — 3′00″ — 3′10″ — 3′20″ — 3′30″ — 3′40″ — 3′50″ — 4′00″

表 3-8　冲煮评分表(指定冲煮环节)

World Brewers Cup Scoresheet-Compulsory Service

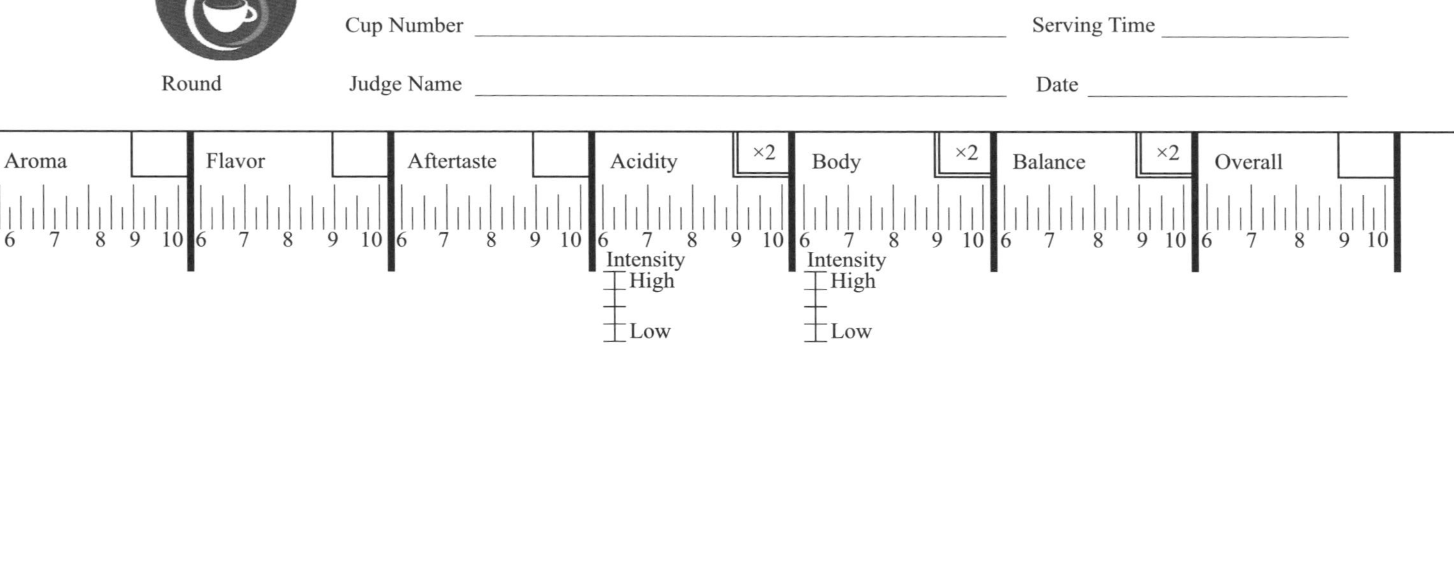

Round

Cup Number ______ Serving Time ______

Judge Name ______ Date ______

Aroma	Flavor	Aftertaste	Acidity ×2	Body ×2	Balance ×2	Overall	Total Score
6 7 8 9 10	6 7 8 9 10	6 7 8 9 10	6 7 8 9 10	6 7 8 9 10	6 7 8 9 10	6 7 8 9 10	
			Intensity High / Low	Intensity High / Low			

Over Time :

TDS Reading %

H=HOT　W=WARM　C=COLD

Evaluation Scale							
6.00	Good	7.00	Very Good	8.00	Excellent	9.00	Extraordinary
6.25		7.25		8.25		9.25	
6.50		7.50		8.50		9.50	
6.75		7.75		8.75		9.75	

表 3-9 冲煮评分表(自选冲煮环节)

World Brewers Cup Scoresheet-Open Service

Round

Competitor Name ______________________

Judge Name ______________________ Date __________

Cup Score Evaluation Scale

Good	Very Good	Excellent	Extraordinary
6.00	7.00	8.00	9.00
6.25	7.25	8.25	9.25
6.50	7.50	8.50	9.50
6.75	7.75	8.75	9.75

H=HOT W=WARM C=COLD

Aroma Total:	Flavor Total:	Aftertaste Total:	Acidity Total: ×2	Body Total: ×2	Balance Total: ×2	Overall Total:	Total Cup Score /100
6 7 8 9 10	6 7 8 9 10	6 7 8 9 10	6 7 8 9 10	6 7 8 9 10	6 7 8 9 10	6 7 8 9 10	
			Intensity High Low	Intensity High Low			

Competitors descriptions:	Coffee and Brewing Information: Brew Ratio :

Taste Description Total: ×2	Customer Service Total: ×2	Total Score Presentation /40	Total Cup+ Presentation ÷1.40 = Final Score
0 4 5 6 7 8 9 10	0 4 5 6 7 8 9 10		

Unacceptable:0 Acceptable:4-4.75 Average:5-5.75 Good:6-6.75 Very Good:7-7.75 Excellent:8-8.75 Extraordinary:9-10

（二）法兰绒滤布式

法兰绒滤布的材质较厚具有保温作用，萃取咖啡时可充分地闷蒸，空气可从任何一个地方均匀排出，所以可将咖啡的味道彻底萃取。但法兰绒滤布使用后，若没有清洗干净，很容易产生异味，需保持滤布的干净才能萃取出咖啡的美味。使用新的滤布时需先以咖啡粉与热水将滤布一起煮约 5—10 分钟，使用过后将滤布浸泡在干净的水中。

法兰绒滤布咖啡的制作方法如表 3 - 10 所示。

表 3 - 10　法兰绒滤布咖啡的制作方法

1. 如果是刚买的新法兰绒滤器，将法兰绒滤布从金属环上拆下，放锅里用水煮 5 分钟，然后再装到铁环上	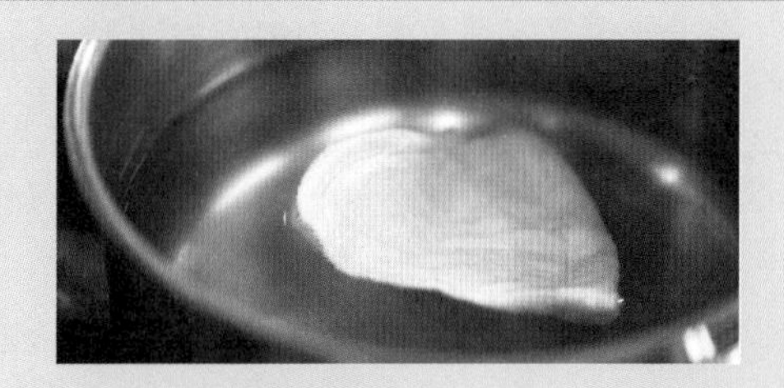
2. 研磨咖啡豆。用法兰绒滤布冲咖啡时所用的咖啡粉量比常规的滴滤器要多，正常为 45—50 克；研磨咖啡粉较粗，和法压壶用的差不多	
3. 用热水温热法兰绒滤布和底下的水壶，1 分钟后再将壶里的水倒掉	
4. 把磨好的咖啡粉倒入法兰绒滤布内，保持松软，不必按压	
5. 用木条或竹条将边缘的咖啡粉往中间拨，呈松软的土堆样子	

续前表

6. 用木棒在咖啡粉堆的顶端戳一个 5 角硬币大小的凹坑，深度和一个图钉的高度差不多	
7. 当开水温度降到 80℃左右时开始冲泡，轻缓地往咖啡粉中间的凹坑内浇水，这个过程应该非常缓慢（45 毫升水，45 秒浇完）。不用担心闷蒸得是否饱和完整，由于毛细管原理，有足够的时间可以浸润。浇水完毕后静置 45 秒	
8. 用 30 秒往粉中心浇水 60 毫升，再用 3 分 20 秒浇水 185 毫升	
9. 冲泡过程完成后，用热水将饮用的杯子预热。取下滤布，就可以倒入杯中了。用法兰绒滤布冲泡的咖啡的温度要比其他常规冲泡的低。用热水加热过杯子后再饮用使咖啡味道更好些	

（三）越南滴漏式

越南滴漏式咖啡壶起源于 20 世纪初，是越南专用的咖啡壶。越南曾是法国的殖民地，所以将法式滤压方法加以改良，成为特殊的滴漏滤杯。咖啡粉放置在滤杯中，再压上一片有孔洞的金属片，倒入热水后咖啡液会慢慢滴下来。在越南，咖啡有冷饮和热饮两种制作方法，也可随个人口味加入炼奶或糖饮用。

越南滴漏式咖啡制作方法如表 3－11 所示。

表 3-11　越南滴漏式咖啡的制作方式

<table>
<tr><td>1. 将咖啡壶分解开，把压板取出准备</td><td>
</td></tr>
<tr><td>2. 放入滤纸，以便更好地过滤咖啡渣</td><td>
</td></tr>
<tr><td>3. 加入研磨好的咖啡粉约 12 克，将咖啡粉抖平</td><td>
</td></tr>
<tr><td>4. 装上压板，然后转紧</td><td>
</td></tr>
</table>

续前表

5. 将咖啡壶放在咖啡杯上，缓慢倒入 90℃左右的水，让水和咖啡充分萃取	
6. 待萃取的咖啡完全滴入咖啡杯，取下越南壶，即可享用美味咖啡	

越南滴漏式咖啡的制作

咖啡小知识

为什么倒入水后咖啡粉会膨胀？如果没有膨胀，是因为咖啡粉不新鲜吗？

向咖啡粉中倒水，会有气泡冒出来，而且粉末整体会膨胀，气泡冒出来的样子和粉末的膨胀程度不一样。这些气泡到底是什么呢？气泡中的气体是烘焙咖啡豆时产生的二氧化碳，形成气泡外膜的是蛋白质或多糖类等（与意大利浓缩咖啡表面覆盖的气泡成分相同）。有人认为，在冲泡过程中产生的气泡是咖啡发涩的原因，这种说法不一定准确。因为即使将气泡撇出来，放到冲泡好的咖啡中搅拌，也喝不出和之前的味道有什么不一样。往咖啡粉里倒水时产生的气泡有的很细小，有的很大，有时几乎不产生气泡。这是因为释放二氧化碳的方式有所不同。

刚刚烘焙好的咖啡豆中含有大量的二氧化碳，如果立即磨成粉，倒入热水就会有大量的气泡产生。这些气泡会妨碍咖啡的萃取，但这并不代表咖啡豆不好。我们会发现，此时即便使用平时的方法冲泡咖啡，味道也比平时要淡。所以人们常说，新磨好的咖啡豆，要放一个晚上再用。

如果几乎没什么气泡，或者咖啡粉的膨胀度低，是因为咖啡粉中的二氧化碳含量低。有人说，如果不怎么膨胀，是由于咖啡粉不新鲜。的确，烘焙后随着时间的流逝，咖啡豆中的二氧化碳含量会越来越少。此外，咖啡粉不容易膨胀的原因还可能是装包时放入了吸收二氧化碳的脱氧剂，或是使用了颗粒大的咖啡粉并缓慢倒入热水，以及水温较低等。

四　摩卡壶咖啡

摩卡壶发明于1993年，是由意大利人发明的。通过蒸汽压力使下层的热水推过中层咖啡粉从而萃取咖啡液。

摩卡壶的容量，从1人份至10人份均能见到。主要材质可分为铝及不锈钢，由上、中、下3个部分组成，壶的下方有个安全气孔，加水时不要超过安全气孔。中间为过滤器，咖啡粉放置在过滤器中，再将摩卡壶的上层与下层拧紧。

一般家庭使用的摩卡壶，体积小且方便，但压力比较小，所以，在萃取浓缩咖啡时油脂较少。

（一）摩卡壶的萃取原理

（1）底部冷水受热后，产生蒸汽压力向出口挤压。

（2）蒸汽经过中间的粉碗区域，使咖啡充分受热萃取。

（3）萃取后的浓缩咖啡从中央通道流到上壶。

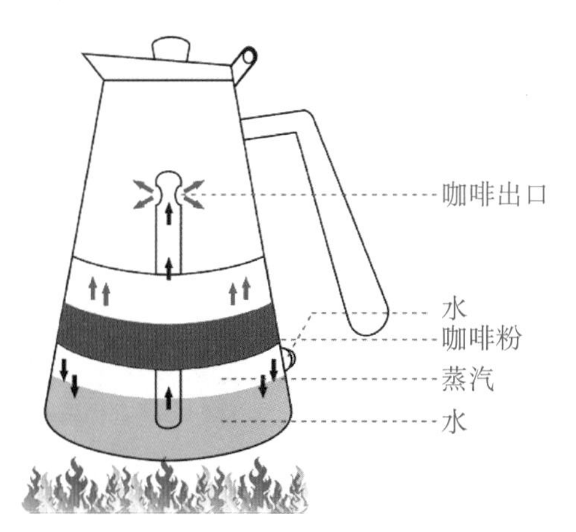

图3-13　摩卡咖啡壶功能构造

（二）操作方法

摩卡壶咖啡的冲泡方法如表 3 - 12 所示。

表 3 - 12　摩卡壶咖啡的冲泡方法

1. 摩卡壶下座加入冷水，水位不要超过安全阀门	
2. 在漏斗中加入中细研磨咖啡粉，轻轻抚平即可	
3. 在摩卡壶上座的位置把滤纸打湿贴入	
4. 将上座和下座拧紧，防止做咖啡过程中漏气	

续前表

5. 把摩卡壶放到电磁炉上进行加热	
6. 等待约 2—3 分钟，咖啡从上座流出	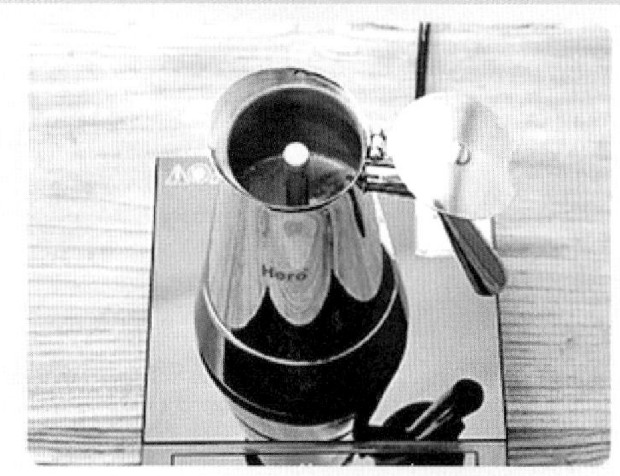
7. 把煮好的咖啡倒入咖啡杯，享受香醇咖啡	

摩卡壶咖啡的制作

五 比利时皇家咖啡

比利时咖啡壶是 19 世纪中期欧洲皇室御用的咖啡壶，又称为平衡式虹吸咖啡壶。盛水器经过加热后，热水会经过虹吸管到玻璃杯中，当咖啡粉完全吸入热水时，咖啡液马上又被吸入盛水器中，与咖啡粉分离，所以烹煮的时间很短。

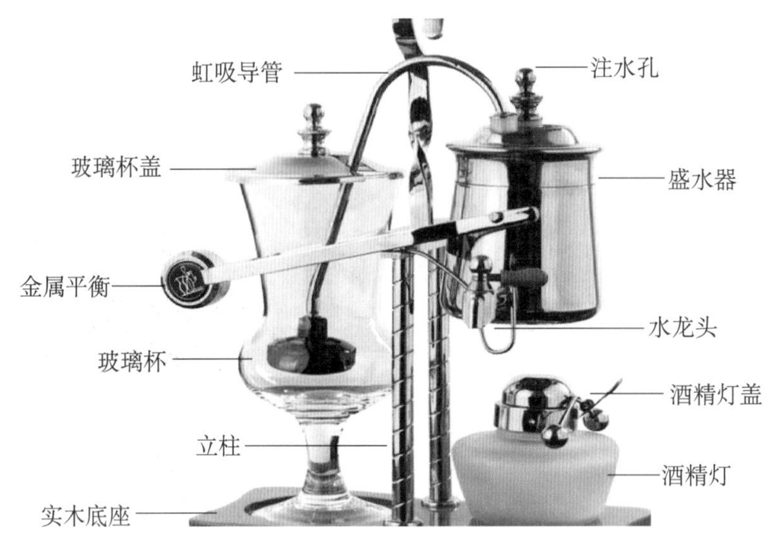

图 3-14　比利时咖啡壶功能构造

比利时皇家咖啡的制作方法如表 3-13 所示。

表 3-13　比利时皇家咖啡的制作方法

1. 将酒精灯盖逆时针转动打开，加入 95%液体酒精。取出过滤布，把滤布包裹在虹吸管滤头上	
2. 将虹吸管置入盛水壶，须将虹吸管上密封的硅胶轻轻压在盛水壶上（过滤头以对准玻璃杯中心为佳）。逆时针转开注水口螺帽，倒入开水约 400 毫升，然后拧紧注水口螺帽	
3. 把咖啡粉放入玻璃杯，4 杯咖啡约 5 平勺咖啡粉，盖上玻璃杯盖	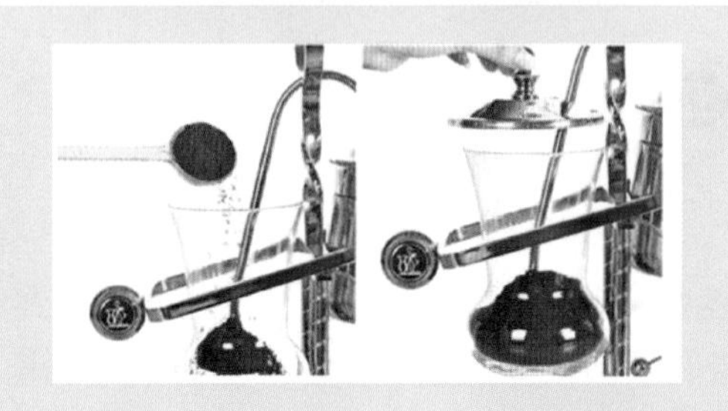

续前表

4. 把酒精灯盖打开轻靠在盛水壶壁上，点燃酒精灯。约5分钟，水会从盛水壶流到玻璃杯里，这时酒精灯自动熄灭，受虹吸现象影响，咖啡会从玻璃杯里面自动流入盛水壶	
5. 转开注水口让空气对流，在水龙头底下放一个咖啡杯，打开水龙头，咖啡就流出来了	

咖啡小知识

用矿泉水冲泡的咖啡更好喝吗？

用矿泉水冲泡的咖啡和用普通水冲泡的咖啡，味道是不一样的，咖啡的颜色也会相对较深，这是受到了水中pH值的影响。pH值（氢离子指数）是用来表示水溶液酸碱性的数值。水在25℃时，pH值刚好是7，为中性，如果数值大于7，就为碱性，那么就能与酸发生中和反应。普通水的pH值基本上是7，如果是矿泉水，pH值就会超过8。

咖啡是pH值在5—6之间的弱酸性饮品，如果用pH值大于8的弱碱性矿泉水冲泡咖啡，就会中和咖啡中的酸，咖啡的酸味会减弱。pH值越大，中和酸的能力就越强。在矿泉水的标识上一般都会标有pH值，冲咖啡时，你可以参考一下这个数值。

使用pH值大的水冲泡咖啡，也不一定就好喝。对于喜欢咖啡口感酸一点的人来说，用pH值大于7的矿泉水冲泡咖啡，口感就会变得柔和。但对一般人来说，用矿泉水冲泡咖啡，可能反而会让人感觉味道变模糊了。选择不同的水，无非就是调整咖啡酸味的方法。咖啡就像茶一样，用普通的水冲泡就可以了。如果想控制酸味，与其在水上花钱，倒不如改变一下烘焙豆的品种或咖啡的萃取时间。

六 电动滴滤式咖啡

电动滴滤式咖啡机又称为美式咖啡机，方便为其最大的特色。

电动滴滤式咖啡机还称常压咖啡机，因为冲泡咖啡时水的压力为1个大气压。高压蒸汽咖啡机，冲泡咖啡时水的压力大于1个大气压，一般为5—19个大气压。用高压咖啡机冲泡的咖啡比较浓，温度也比较高，口味比滴滤式咖啡机冲泡的咖啡要重。

图3-15 电动滴滤式咖啡机

（一）电动滴漏式咖啡机的使用方法

（1）首先要预热咖啡机；

（2）打开咖啡机顶盖，将咖啡粉倒进滤网；

（3）往咖啡机的独立水箱加水；

（4）把洗干净的咖啡壶和对应好滴漏口的位置放入咖啡机中；

（5）按启动键，咖啡机水箱灯亮，咖啡机自动运行，煮好咖啡的时候咖啡机会喷出一点蒸汽。

（二）电动滴漏式咖啡机使用的注意事项

（1）咖啡的磨粉粗细程度是由所选择的咖啡设备决定的。因为不同的咖啡制作方法需要不同的磨粉粗细。

（2）咖啡的最佳饮用温度为85℃。

（3）不同的制作方法需要不同的煮制时间。

（4）咖啡不可以再加热，冲煮时应注意仅煮每次所需的分量，且最好在刚煮好时饮用。

七 冰滴式咖啡

冰滴式咖啡又称荷兰式水滴咖啡，是以约10℃的冷水，平均每10秒滴8—10滴的速度浸泡咖啡粉所得的咖啡液。

（一）冰滴式咖啡的萃取原理

冰滴式咖啡，也称水滴式咖啡，其不是用热水冲泡，而是用常温的水冲泡。咖啡豆中能够溶解于热水的成分，一定程度上也能够溶解于常温的水中，只是溶解的时间会很长，需要浸泡几个小时甚至十几个小时。

冰滴咖啡的特点是味道温和，这是因为带来厚重感的苦味没有溶解到水中。另外，由于含香味的成分也不易溶于水，所以如果喜欢咖啡的香味，就不宜用这种冲泡方法。

一些专业的咖啡店在做冰滴式咖啡的时候，会使用类似实验用的玻璃器具，调节长颈瓶口的开关直至水一滴滴流出，经过几十厘米的距离滴落到咖啡粉层。水滴啪嗒啪嗒地落下，然后慢慢穿过咖啡粉层，再一点点变成褐色，这真是一场视觉的享受。

即便没有专用的萃取器具，也可以制作冰滴咖啡。法式压力壶、锅或马克杯等都可以。先放入咖啡粉，再倒水，剩下的就是等候了。等到浓度够了，再用滤纸将咖啡残渣滤掉，这样，一杯冰滴咖啡就做好了。

图3-16 冰滴咖啡壶

（二）冰滴式咖啡的冲泡方法

冰滴式咖啡的冲泡方法如表 3－14 所示。

表 3－14　冰滴式咖啡的冲泡方法

1. 将水装入上壶中（用净水器的冷水或加碎冰块效果更好）	
2. 将调节阀安装在上壶的圆孔内，水珠滴下速度随咖啡粉量、水量和萃取时间而改变	
3. 将过滤器放好滤纸，加入咖啡粉，压紧、压平，让水滴均匀地渗及咖啡，达到预期的效果	
4. 由冰滴壶萃取出来的咖啡味道会随着咖啡的烘焙程度、水量、水温、水滴速度、咖啡研磨粗细度等不同而不同	

冰滴式咖啡的制作

咖啡小知识

冰咖啡怎么做才好喝?

100多年前的美国，有人为了促进夏季的咖啡销量而大作宣传，使冰咖啡开始普及。在电影《罗马假日》中就有这样的镜头，格里高利·派克主演的新闻记者点了一杯“cold coffee”。现在很多人都青睐冰咖啡，每年夏天都是冰咖啡的销售旺季。

在制作冰咖啡时必须注意，味觉是有温度特性的，我们感受到的味道强弱会受温度的影响。如果温度低，人们对甜、苦的敏感度会下降，对酸的敏感度会上升。因为考虑到这种味觉上的变化，所以冰咖啡与热咖啡的制作方法是不同的。制作冰咖啡时，需要用烘焙程度高且罗布斯塔种的混合比例高的咖啡豆，这样就可以弱化酸味、强化苦味。

用热水冲咖啡时，一般会冲得浓一些，并将咖啡液直接浇到冰块上，这样做既达到了冷却的目的，也对咖啡进行了稀释。当然还可以用水冲式进行制作。

冰咖啡的优点是温度低，咖啡风味持续的时间长，如果放到冰箱中冷藏，味道可以保持几个小时不变。

八 土耳其式咖啡

土耳其式咖啡，又称阿拉伯咖啡，是欧洲咖啡的鼻祖，已有七八百年的历史。

2013年12月5日，土耳其咖啡及其传统文化被列入联合国教科文组织人类非物质文化遗产名录。

土耳其人喝咖啡，残渣是不滤掉的，由于咖啡磨得非常细，因此在品尝时，大部分的咖啡粉都会沉淀在杯子的最下面，不过在喝时，还是能喝到一些细微的咖啡粉末，这也是土耳其咖啡最大的特色。土耳其咖啡还有一个特色，就是在喝时是不加任何伴侣或牛奶的，只在烹煮咖啡时加入一些糖，而糖的多少主要也是随个人喜好而定，有人喜欢喝苦的，一点糖都不加，而有些人，则喜欢较甜的口味。

另外，为了能真正品尝出土耳其咖啡独特的味道，还会附赠一杯冰水。在喝土耳其咖啡之前，最好先喝一口冰水，让口中的味觉达到最灵敏的程度，之后就可以慢慢体会出土耳其咖啡那种微酸又带点苦涩的感觉了。

土耳其咖啡所要求的细度是各式泡法之最，要求极细研磨，标准是要比面粉还要细。将深度烘焙的咖啡豆研磨成极细的粉状，然后混合丁香、豆蔻、肉桂等香料，随后在土耳其咖啡壶中放入 100 毫升冷水，随后加入约 10 克咖啡粉（100 毫升水加 10 克粉是一杯咖啡的黄金比例）。原料加好后，加热、不断搅拌。搅拌时需轻柔缓慢，避免将液面的粉层搅散（避免破渣），以免过度萃取。即将沸腾前，表面出现了一层金黄色的泡沫，泡沫逐渐增多，迅速涌上，立即将壶离火，待泡沫落下后再放回火上，经过几次沸腾，咖啡逐渐浓稠，但是要等到水煮成原有的一半，才算大功告成。待咖啡渣沉淀到底部，再将上层澄清的咖啡液倒出。有时可加柠檬或蜂蜜。这样一杯美味的土耳其咖啡就做好了。

土耳其式咖啡的制作方法如表 3-15 所示。

表 3-15　土耳其式咖啡的制作方法

1. 将糖和水倒入土耳其壶中，加热至快要沸腾的程度	
2. 倒入咖啡粉，用小勺搅拌几圈	
3. 煮到快要溢锅时迅速离火，稍等片刻，待液面下降，再次进行加热。这个步骤要重复 3 次，其间不要进行任何搅拌	

续前表

4. 第三次沸腾将要溢出时，离火、关火	
5. 稍等片刻，待咖啡末沉底，缓缓将咖啡倒入杯中	

土耳其式咖啡的制作

小贴士：

1. 砂糖根据个人口味加减，可适当添加豆蔻粉、肉桂粉，非常适合冬天饮用。

2. 一定要用新鲜的咖啡豆才会有丰盈的泡沫，如果用尸豆、尸粉效果不佳。

3. 如果量大且分数人饮用，在第三次沸腾后要用小勺将表层的泡沫分量舀入咖啡杯中。

九 法压壶咖啡

法压壶又名法式滤压壶、冲茶器。

法式滤压壶是大约于1850年发源于法国的一种由耐热玻璃瓶身（或者是透明塑料）和带压杆的金属滤网组成的简单冲泡器具。起初多被用作冲泡红茶，因此也有人称之为冲茶器。

法压壶通常被称为冲茶器，那么法压壶真的只能担当冲茶之用吗？答案是否定的！事实上若要选择最实用的咖啡入门器具，法压壶虽不能独占鳌头，但必位列前三名之中。其对时间的易控性，以及观察的便捷性，是其他冲泡器具无法比拟的。

（一）法压壶煮咖啡的原理

通过水与咖啡粉全面接触浸泡的焖煮法来释放咖啡的精华。适用于浓淡口味均可的咖啡粉。

小贴士：

滤压壶过滤的好坏很大程度取决于滤芯的质量，挑选有弹簧的滤芯对咖啡粉的过滤极其重要，会直接影响咖啡的口感。

用法压壶制作咖啡，最容易控制的就是时间了，同样状况的豆子、研磨粗细、水温，不同的时间却有不同的效果。一般来说，时间越久味道越浓郁，却容易出现苦味、涩味、杂味。不过当咖啡的五大变因改变时，控制时间就会有意想不到的效果。如深烘焙的豆子把时间控制得较短会得到很棒的香味与甘甜，浅烘焙的豆子需要多一点时间来萃取，酸质与香气才得以体现。

如果不喜欢法压壶漏出的细粉，可以在咖啡冲好后以滤纸过滤。

图 3-17　不同规格的法压壶

（二）法压壶咖啡的制作方法

法压壶咖啡的制作方法如表 3-16 所示。

表 3-16　法压壶咖啡的制作方法

1. 加入新鲜烘焙的中粗度研磨的咖啡粉	

续前表

2. 加入约 95℃的热水，均匀淋在咖啡粉上	
3. 盖上盖子及压杆，等待约 3 分钟	
4. 缓慢地压下压杆，压时一定要缓慢匀速	
5. 将冲好的咖啡倒入温热后的咖啡杯中，一杯香醇咖啡便制作完成了	

法压壶咖啡的制作

（三）法压壶煮咖啡的注意事项

（1）咖啡粉要稍微粗点（因为热水直接接触咖啡粉，太细了容易萃取过度）。

（2）一定要新鲜的咖啡粉，因为不是高压萃取，陈咖啡粉的味道很容易出来酸涩和焦苦味。

（3）静置的时间大概在3—4分钟。

（4）水一定要用纯净水。

（5）不要用过少的咖啡粉，一般是两平勺咖啡粉（20克左右）加200毫升的水。

课程思政小故事

咖啡与匠人精神

咖啡冲煮方式的历史演进史，既是人们对咖啡口味的探寻史，更是咖啡师对匠人精神的不懈追求史。所谓匠人，就是将一份工作做到极致，匠人精神就是这背后的坚持与创新。

古先圣贤认为，成人之大本，一曰发心，二曰愿力。成大人、成小人全看发心，成大事、成小事都在愿力。把简单的事情做到极致，功到自然成。在我国古代记载中，就有许多值得我们学习的匠人与匠人精神，如《庄子》里的拥有鬼斧神工解牛之法的庖丁和“惟手熟尔”堪称经典的卖油翁。

无论在哪个行业，想要成为一流的人才，只有一边充满自信地挥洒汗水，一边锻炼积累实力，除此之外别无他法。反复练习基本功、不忘初心，就能成为一流的匠人。匠人精神是一种精神，它与你所做的事情无关，与你的态度及精神有关。在任何岗位上拥有这样的精神，都是好好做事的匠人。年轻时流汗学会的东西，将成为一生的财富。

模块四 美味咖啡制作

一 综合咖啡

将不同单品咖啡加以混合称为综合咖啡，混合咖啡可用两种以上不同的豆子混合，亦可用三种或四种豆子混合，依香、甘、醇、苦、酸调配出不同风味的咖啡。

调配综合咖啡主要有两个目的：一是为了满足消费者的需求，二是为了产品的需求。

消费者需求：如消费者喝了巴西咖啡，觉得味道不足那便可在咖啡豆中加入少许强苦、强香、强醇的曼特宁，可为消费者量身定做，调配出消费者喜欢的口味，让咖啡更多元化。

产品的需求：咖啡加入糖会降低苦味，提高酸味，加入奶制品会中和酸味，所以在制作咖啡时需先了解咖啡所添加的元素，才能选择如何调配豆子。

（一）冰咖啡的配方

（1）适合加鲜奶的配方：50%深焙煎曼特宁，20%中焙煎曼特宁，30%巴西。

（2）适合加奶精及糖的配方：20%深焙煎曼特宁，50%中焙煎曼特宁，30%巴西。

（3）适合加鲜奶油及果糖的配方：70%中焙煎曼特宁，30%巴西。

（二）热咖啡的配方

口味均衡的综合咖啡、适合加奶油球及糖包的配方：40%蓝山、30%曼特宁、20%哥伦比亚、10%巴西。弱酸的蓝山加上强苦的曼特宁，再加上中酸的哥伦比亚及柔和的巴西，使咖啡的口味均衡、浓度适中，是香、甘、醇、苦的最佳组合。

（三）清爽甘醇的综合咖啡的配方

40%蓝山、20%曼特宁、20%哥伦比亚、20%巴西。

（四）酸味为主的综合咖啡的配方

40%蓝山、20%曼特宁、30%哥伦比亚、10%巴西或40%蓝山、20%曼特宁、

20%哥伦比亚、20%巴西。

（五）苦味为主的综合咖啡的配方

适合加糖包不加奶的配方：40%蓝山、30%曼特宁、30%巴西。

二 压力式热咖啡

图 4-1　卡布奇诺

卡布奇诺咖啡的制作

（一）卡布奇诺

意大利人喜欢在早上喝一杯卡布奇诺，一杯约 150 毫升。在中国有的地区喜欢在奶泡上加肉桂粉及柠檬皮，在澳大利亚人们通常喜欢加入巧克力粉。所以在不同的国家，卡布奇诺呈现的方式不同。

材料：

浓缩咖啡：30 毫升（7 克）

鲜奶、奶泡：120 毫升

肉桂粉、柠檬皮。

步骤：

（1）用咖啡机萃取 30 毫升浓咖啡于咖啡杯中。

（2）将打好的牛奶及奶泡倒入杯中。

（3）撒上肉桂粉、柠檬皮。

图 4-2　拿铁

拿铁咖啡的制作

（二）拿铁

拿铁是西雅图式咖啡中最具代表的咖啡饮料，绵密细致的奶泡是其最大的特色，可在注入牛奶时在咖啡的表面呈现不同形状，如一颗爱心或一片叶子，称为咖啡拉花艺术。一般拿铁咖啡可分为小杯 240 毫升、中杯 360 毫升、大杯 480 毫升。顾客可选择不同的杯子，杯子大牛奶相对地就增加，顾客亦可增加浓咖啡的分量。

材料：

浓缩咖啡：30 毫升（7 克）

奶泡：210 毫升

步骤：

（1）用咖啡机萃取 30 毫升浓咖啡于咖啡杯中。

（2）将打好的牛奶及奶泡倒入杯中。

（三）玛奇朵

材料：

浓缩咖啡：30 毫升（7 克）

鲜奶、奶泡：70 毫升

步骤：

（1）用咖啡机萃取 30 毫升浓咖啡。

（2）将打好的牛奶及奶泡倒入杯中。

（3）将萃取好的 30 毫升浓咖啡从牛奶上方倒入。

图 4-3 玛奇朵

（四）摩卡

材料：

浓缩咖啡：30 毫升（7 克）

鲜奶：210 毫升

巧克力糖浆：20 毫升

适量奶油、巧克力酱

步骤：

（1）用咖啡机萃取 30 毫升浓咖啡于咖啡杯中。

（2）加入巧克力糖浆 20 毫升。

（3）将打好的牛奶及奶泡倒入杯中。

（4）挤上奶油、巧克力酱。

图 4-4 摩卡

摩卡咖啡的制作

（五）榛果拿铁

在拿铁咖啡中加入榛果糖浆，当然也可根据需要加入不同口味的糖浆，适合加入咖啡中的糖浆有香草、杏仁、巧克力、太妃糖浆等。

材料：

浓缩咖啡：30 毫升（7 克）

鲜奶：210 毫升

榛果糖浆：20 毫升

步骤：

（1）用咖啡机萃取 30 毫升浓咖啡于咖啡杯中。

（2）加入榛果糖浆 20 毫升。

（3）将打好的牛奶及奶泡倒入杯中。

图 4-5 榛果拿铁

（六）抹茶咖啡

图 4-6　抹茶咖啡

在拿铁咖啡中加入抹茶，抹茶味绿茶研磨成粉，含有丰富的维生素、叶绿素等。

材料：

浓缩咖啡：30 毫升（7 克）

鲜奶：210 毫升

抹茶粉

步骤：

（1）用咖啡机萃取 30 毫升浓咖啡于咖啡杯中。

（2）加入 1 小匙抹茶粉搅拌均匀。

（3）将打好的牛奶及奶泡倒入杯中。

（4）撒上少许抹茶粉。

（七）维也纳咖啡

维也纳咖啡是奥地利最有名的咖啡，冰冷的鲜奶油再搭上不同口味的巧克力，呈现不同的风味。

图 4-7　维也纳咖啡

材料：

热咖啡：150 毫升（25 克）

泡沫鲜奶油

步骤：

（1）用虹吸式咖啡壶萃取咖啡于咖啡杯中。

（2）将鲜奶油挤在咖啡上方。

（3）附上巧克力。

（八）皇家咖啡

图 4-8　皇家咖啡

皇家咖啡又称为火焰咖啡及白兰地咖啡。

材料：

热咖啡：150 毫升（25 克）

白兰地：15 毫升

方糖：1 粒

步骤：

（1）用虹吸式咖啡壶萃取咖啡于咖啡杯中。

（2）将方糖放置于皇家咖啡匙上方。

（3）白兰地附于咖啡旁。

（九）爱尔兰咖啡

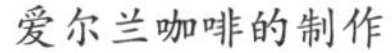
爱尔兰咖啡的制作

图 4－9　爱尔兰咖啡

材料：

热咖啡：150 毫升（25 克）

泡沫鲜奶油：15 毫升

爱尔兰威士忌：15 毫升

步骤：

（1）用虹吸式咖啡壶萃取咖啡。

（2）倒入一包糖及爱尔兰威士忌于咖啡杯中，放在烤架上，点火燃烧。

（3）将煮好的咖啡倒入爱尔兰咖啡杯中，挤上鲜奶油。

课程思政小故事

咖啡与“和而不同”

咖啡饮品的制作，原料相同、流程相仿、技法相似，唯有量的多少、时的长短、手法差异，然而色不同、香各异、味独特，无论融合何种食材、原料、工艺，甜酸苦咸皆可品，却从不失咖啡本色，真可谓“和而不同”。

“和而不同”是 2014 年 5 月 4 日习近平总书记在北大师生座谈会上的讲话中引用的一句名言。它的出处是《论语・子路》：“子曰：‘君子和而不同，小人同而不和。’”那么，“和”与“同”的区别到底在哪里呢？用今天的哲学话语进行表述，所谓“和”，就是“多样性的统一”；所谓“同”，就是同一、同质，就是相同事物的叠加。

很多人在交往时，都喜欢找和自己特别相像的，殊不知，如果朋友都是和你一样的，完全同质，那么在交往中，你就只能听到和你一样的想法，久而久之，你的认知就会越来越狭窄甚至出现偏差，你的精神世界就会越来越偏离世界本来的样子。这种情况在今天互联网已普及的情况下越发值得注意。以前我们与人交往，都是在现实生活中选择。但是随着互联网时代的到来，人们可以轻易找到与自己高度相似的人群，进而产生一种“终于找到了组织”的感觉。人们本来以为互联网时代会促进人们思想的交流，但实际上，今天的很多网民反倒进入了一个精神“部落化”的状态。在这样的环境下，我们在人际交往时，就更需要“君子和而不同”，防止自己在“同质化”的朋友圈里越走越偏。

咖啡专用名词解释

1. 咖啡树（Coffee Tree）

咖啡树是一种常绿灌木，属于茜草科咖啡属。生长在亚热带地区和热带地区，目前只有两种咖啡具有大规模种植的经济价值，即阿拉比卡种和罗布斯塔种。

2. 咖啡樱桃（Coffee Cherry）

开花后八九个月，咖啡树开始结果，果实呈鲜艳的红色，恰似迷你版的樱桃。每颗咖啡樱桃含有两颗咖啡种子。

3. 银皮（Silver Skin）

覆盖在咖啡种子表面的一层内果皮。

4. 水洗法（Washed Process）

公元 18 世纪由荷兰人发明的技术，水洗豆目前约占全部咖啡总量的 70%，适合多雨地区。水洗法处理的咖啡味道明亮、酸味较强、杂质较少。

具体处理方法：先在咖啡樱桃中加大量的水，冲去果实的杂质，进行选豆。再以脱肉机脱去外果皮和果肉。接着发酵 18—36 小时，利用发酵菌溶解掉原本不溶于水的果胶，再清洗干净。最后日晒干燥至含水量 9%，用脱壳机去除银皮。

5. 日晒法（Dry Process）

最古老的咖啡处理方法，一千多年前阿拉伯人就以此法处理咖啡。日晒法制作的咖啡具有完整的自然纯味，柔和的酸味与均匀的苦味。

具体处理方法：咖啡樱桃采收后在曝晒场直晒 3—4 周，每天翻动数次，使其受热均匀，干燥后的咖啡樱桃果实会与外果皮分开，晒至含水量 9%后，用脱壳机彻底脱去外果皮和银皮。

6. 半水洗法（Semi-washed）

介于水洗法和日晒法之间，盛行于印度尼西亚，曼特宁咖啡就多采取半水洗法，巴西咖啡近年来也开始使用半水洗法。

具体处理方法：与水洗法有些相似，先去除咖啡樱桃的外果皮与部分果肉，晒干，接着将干燥后的豆子再次湿润，以特殊机器磨掉果肉取出种子。

7. 蜜处理（Honey）

将咖啡樱桃的外果皮去掉，保留黏质状的果肉层，接下来并不利用发酵来去除果肉，反之让它带着这一层直接晒干。而后再去除晒干的果肉层和银皮。这种方式处理的咖啡，可以保留住咖啡樱桃原始的甜美风味，通常具有淡雅的焦糖味和果香。

8. 生豆（Green Bean）

从收获的咖啡樱桃中取出种子，经过水洗法、日晒法等处理干燥后的咖啡豆，即为咖啡生豆。

9. 烘焙（Roasting）

咖啡生豆通过烘焙可以释放出特殊的香味。从生豆、浅焙、中焙到深焙，水分一次次释放，重量减轻，体积却慢慢膨胀，咖啡豆的颜色加深，油脂逐渐释放出来，质地也变得更脆。在生豆中，蕴含大量的绿原酸，随着烘焙的过程，绿原酸会逐渐消失，释放出令人愉悦的水果酸，如醋酸、柠檬酸和葡萄酒中所含的苹果酸。

10. 研磨（Grinding）

此过程是将烘焙完成的咖啡豆磨成咖啡粉。研磨的粗细程度会影响咖啡粉接触水流的速度与时间。相同的咖啡豆，粗研磨与细研磨萃取后的风味会有差别。

11. 萃取（Extraction）

水将咖啡粉中的可溶性物质释放出来的过程，叫作咖啡萃取。萃取过程会受到水温、水流速度、压力、时间等多方面的影响，是影响咖啡最终味道的关键环节。

12. 单品咖啡（Single Origin Coffee）

产于单一种植场，没有经过混合的咖啡，有强烈且鲜明的风味特征，饮用时通常不加奶或糖。

13. 综合咖啡（Blend Coffee）

来自不同产地的咖啡豆拥有不同的风味，酸、苦、甘、醇各有差别，综合咖啡是将两种以上不同风味的咖啡按特定比例混合，以达到均衡和更加有层次的口感。综合咖啡富于变化，有时会有意想不到的风味出现。

14. 风味（Flavor）

香气、酸度与醇度的综合印象，用来形容咖啡的整体口感。

15. 香气（Aroma）

咖啡豆在经烘焙或研磨成粉的过程中，散发出来的香味叫作干香气；用热水萃取成咖啡后，咖啡的香味是湿香气。

16. 酸味（Acidity）

是咖啡最鲜明的味道之一，酸味给了咖啡“轻松明快”的口感，不同风味的咖啡，酸味也有多种类型，柑橘、柠檬、莓果这种富于果香的酸味，是很多人所钟爱的。

17. 奎宁酸（Quinine Acid）

一种高等植物特有的脂环族有机酸，是咖啡酸味的主要来源，其浓度在咖啡烘焙至中度时达到最大值。冲泡好的咖啡放凉会变酸，是因为随着温度下降，奎宁内脂会水解为奎宁酸，增加了咖啡的酸涩味。

18. 苦味（Bitterness）

通常在舌尖后面感觉到的，类似黑巧克力的非常典型的苦味。苦味很重要，它可以让咖啡的味道在口中久久流连。褐色色素是咖啡苦味的主要来源，随着烘焙程度加深，褐色色素的含量会逐渐增加。

19. 咖啡因（Caffeine）

略带苦味，熔点为 237℃，烘焙好的咖啡熟豆，其咖啡因几乎可以完整地保留下来，并在萃取时会融入杯中。咖啡因的作用主要是刺激神经，适量摄入可促进新陈代谢，提高机体能力。

20. 小咖啡杯（Demi-tasse）

比意式浓缩咖啡杯略大，用于烘焙度较高的咖啡。标准规格在 70—80 毫升。

21. 土耳其长柄铜壶（Ibrik）

冲煮土耳其咖啡时使用的器具。大多以铜或铝金属材质制成。在壶中装入细度研磨的咖啡粉后直接放在火上煮沸，不必另行过滤，可直接饮用上面的咖啡。

22. 手工分拣（Hand Pick）

运用手工作业拣除咖啡生豆中的异物或缺陷豆。有时候拣除工作是在机器分级之后进行的，为避免破坏咖啡品质，一律以手工进行。

23. 水洗式（Washed）

将咖啡果实泡入水槽清洗，这时可以趁机除去未成熟的豆子或垃圾、砂子等异物，再以专用的果肉剥除机去掉果实上的外果皮、果肉和黏液等，经干洗后精制成生豆。这就是水洗式精制，是大多数咖啡生产国所使用的方法。

24. 非水洗式（Unwashed）

非水洗式是将咖啡豆暴晒于日光下自然干燥，再使用脱壳机精制成生豆。

25. 生产履历（Traceability）

在讲究食品安全的观念下诞生的字眼。由 Trace（追踪）和 Ability（可能性）两个字组成，其实指的是咖啡农园的栽培情形与农药种类等资讯。自 2000 年开始，咖啡被要求编列生产履历，由此建立咖啡品质认证的观念。

26. 冰滴咖啡（Ice Drop Coffee）

也称水滴咖啡。将咖啡粉以 3 秒 2 滴的速度滴入常温水或冷水，让咖啡粉慢慢被浸透萃取出来。萃取大约要花 6—8 小时，不妨在前一天晚上处理好，次日正好是最佳的饮用时机。冰滴咖啡的特色在于入口就能尝到非常丰润圆滑的风味。

27. 平豆（Flat Bean）

外观呈现扁平状的咖啡豆，因外形而得名。另外也指味道很普通的豆子。

28. 圆豆（Pea Berry）

一个咖啡果实中，通常会包含两颗成对的种子，但偶尔也会有一个果实中只有一颗种子的情形。这种完全呈圆形的豆子就被称为圆豆。

29. 瑕疵豆（Defective Beans）

混在生豆中的残缺豆、不良豆或发育不完全的咖啡豆，如脱壳不完全、贝壳豆、红皮、霉豆、黑豆、虫咬豆等。瑕疵豆会破坏咖啡的味道，所以务必在冲煮前完全拣除。

30. 利比瑞卡种（Liberica）

产自非洲利比瑞卡（Liberica）的咖啡品种。和阿拉比卡、罗布斯塔种并列为咖啡三大原始品种，但生产量不到全球咖啡总产量的 1%。

31. 阿拉比卡种（Arabica）

原产于埃塞俄比亚的咖啡品种，现在主要分布于巴西的高原地区、中南美高地、东非等地区，和罗布斯塔种共同为咖啡两大原始品种而广为人知。阿拉比卡种是产量最大的咖啡品种，约占全球咖啡总产量的 70%到 80%。

32. 罗布斯塔种（Robusta）

罗布斯塔种原产于非洲的刚果地区，占全球咖啡总生产量的 20%—30%。和阿拉比卡种相比，生长速度快，也较耐植物病虫害。特征是萃取时会释放出大量水溶性物质及咖啡因，通常用来制成速溶咖啡和廉价咖啡。

33. 咖啡油脂（Cream）

在冲煮好的意式浓缩咖啡表面，会浮现一层褐色的细致泡沫，这是咖啡豆中的油分和水分发生乳化现象后产生的微黏性物质。

34. 咖啡师（Barista）

这个字眼来自意式浓缩咖啡的故乡——意大利，在酒吧里负责冲煮意式浓缩咖啡的服务员就是咖啡师。日本也会将咖啡店里煮咖啡的专员称为咖啡师。现在许多日本咖啡师，能力已经能够参加世界级的竞赛。各地的餐饮学校及专业职校也纷纷开设咖啡师培训课程。

35. 咖啡带（Coffee Belt）

以赤道为中线往上下发展，南北纬各 25 度的范围，被称为咖啡带，位于环状带内的地区，年平均气温在 20℃左右，拥有适合栽种咖啡的土壤和气候。

36. 咖啡果实（Coffee Fruit）

咖啡树上结出的果实，随着成熟度的发展，从一开始的绿色逐渐转变成红色。完全成熟的果实很像红色的樱桃。要得到 1 千克的咖啡生豆需要约 5 倍重量的果实才行。

37. 咖啡滤壶（Percolator）

外观呈水壶状的循环式萃取器具。把咖啡粉放入壶内的滤网中，再用火加热水壶，蒸汽增压使热水在壶内循环，随着萃取程度，热水的颜色会逐渐变深，使用方便，常用于户外活动。

38. 咖啡研磨机（Mill Machine）

研磨咖啡用的器具或机器，也被称为 Grinder。咖啡研磨机有手动及电动两种。如何将咖啡粉磨得粗细均匀是最重要的环节。

39. 咖啡品质认证（Coffee Quality Certification）

由非营利事业团体等中立机构经评鉴后给予评价及认证标章的咖啡。目前有 Rain Forest Alliance、Bird Friendly、Good Inside 有机栽培咖啡等不同等级的认证标志。

40. 意式浓缩咖啡（Espresso）

原本在意大利文中的语意为“快速的”，但现在指的是极细研磨的咖啡粉通过高压蒸汽后瞬间萃取完成的咖啡。平常大多使用小咖啡杯来饮用，最近家用的意式浓缩机也大行其道。

41. 精制（Refining）

将收获下来的咖啡果实，经过剥除外皮、果肉、内果皮、银皮等加工过程回到烘焙前生豆的状态。有水洗式和非水洗式等，根据使用的方法不同，风味各有不同。

42. 滴滤器（Dripper）

使用滤纸来萃取咖啡的器具。每家公司推出的款式都有不同的设计。此外，使用滴滤器萃取的咖啡，也被称为滴滤式咖啡。

43. 绿原酸（Chlorogenic Acid）

咖啡所含有的多酚类物质。据说有降低肝硬化及癌症发生率的功效，也常被认为有减肥的效果。大多数多酚类物质会在烘焙时分解，如果没有大量引用，便无法发挥出效果。

44. 采摘时间（Crop）

生豆并非新采的才好，采收时间分为 New Crop（新豆，当季采下的豆子），Past Crop（一年豆，上一个收获季的豆子），Old Crop（多年豆，两年以上的豆子）。依收获的时间来区分。

45. 遮阴树（Shade Tree）

日光直射会使咖啡树叶面上的温度上升，光合作用的能力变差，因此要通过高大的树木来制造树荫，防止强烈的阳光直射。从制造树荫的角度来看，等于间接达到不减损树木数量来栽种咖啡树的环保效果。落叶还能成为咖啡树的肥料。

46. 筛选（Screen）

咖啡生豆经过精制以后，必须依各生产国制定的规格来分级。筛选就是用特定大小的网格来筛选豆子。标示在包装上的筛格号码越大表示豆子的颗粒尺寸越大。

47. 霜害（Frost）

咖啡树大多栽种于海拔 1 000 米以上的高地，因此有时会碰到霜降。巴西地区的霜害大多发生在八月前后，对各国的咖啡市场会产生较大的影响。

48. 滤纸冲泡法（Paper Drip）

使用纸质的滤杯来萃取咖啡的方法。这是不论一般家庭还是职业咖啡师都爱用的方法。滤纸冲泡法冲煮出来的咖啡，最大的特征就是澄净的香气。

49. 法兰绒滤网冲泡法（Flannel Filter Brew）

用法兰绒质料的滤布来萃取咖啡的方法，不但能萃取出咖啡的真正味道，还可以萃取出较多的咖啡油脂。法兰绒的质地还能过滤掉细碎的咖啡粉，冲煮出舌尖触感细滑，又具有浓厚口感的咖啡。

50. 研磨度（Grinding Degree）

将烘焙完的咖啡豆磨成粉时，研磨度可分为“极细研磨”“细度研磨”“中细研磨”“中度研磨”以及“粗度研磨”五级。当把咖啡磨成粉后，咖啡会急速氧化，新鲜度也会下降，因此原则上一次只磨当次要喝的分量。

51. 美式咖啡（American Coffee）

原本指美国人平日爱喝的浅度烘焙咖啡。特征是酸味比苦味更明显，也不添加砂糖或奶精，能够当成一般饮料来饮用。在日本，偶尔会有人误以为美式咖啡就是个加水冲淡的咖啡。

52. 炭烧咖啡（Charcoal Coffee）

烘焙豆子时，使用炭火进行加热的咖啡，独特的香气得到许多人的喜爱。

53. 香料咖啡（Spice Coffee）

在正规的标准咖啡中，加入肉桂粉、巧克力、杏仁等各种香料精心调制而成的咖啡。调味后的咖啡口感更丰富，别具风味。

54. 虹吸式咖啡壶（Siphon Coffee Machine）

由上壶、滤架及下壶所组成的咖啡冲煮器具。下壶放入热水加热后，沸腾的热水被水蒸气逼入虹吸管进入上壶，热水接触上壶里的咖啡粉后，形成滴滤萃取现象。这是能稳定地确保咖啡香气的萃取法。

55. 烘焙机（Roaster）

烘焙咖啡生豆时使用的锅子，另外也指烘焙咖啡豆的人、从业者等。咖啡豆店家平时的主要工作就是用烘焙机将生豆烘焙完之后，转售给顾客。

56. 黑咖啡（Black Coffee）

指不加糖也不加奶精及牛奶的咖啡。

57. 叶锈病（Leaf Rust）

会对咖啡树的树叶造成损害的植物病之一，是一种具有强烈的感染力的霉菌，附在叶面的内侧，形成铁锈色的斑点。一旦感染后，咖啡树将会失去进行光合作用的能力。

58. 公平贸易（Fair Trade）

公平贸易特别强调对种植者的保护政策，在种植者与购买者之间，“公平贸易机构”作为第三方组织，规定了其向咖啡种植者购买产品的最低价格，以确保种植者至少有资金负担成本和进行可持续生产，当遇到气候或其他因素影响时，咖啡收成不佳，条约上保证了支付固定的基本价格。但是，由于种植者从公平贸易组织收到的价格不受咖啡品质影响，缺乏对种植者改善咖啡品质的激励作用，咖啡品质得不到很好的保证。因此，很多精品咖啡豆烘焙商，不会采用公平贸易的咖啡豆。

59. 直接贸易（Direct Trade）

没有中间环节，由采购商直接向咖啡种植者购买生豆的贸易形式，它没有最低价格的规定，由买家根据这一季的咖啡品质判定价格。某些高品质的咖啡豆，买家愿意支付高价，这就意味着对于出产精品咖啡豆的种植者来说，直接贸易会得到更高的收入。

综合试题

试题一

选择题

1. 咖啡杯及茶杯，应浸泡在（　　）。

A. 80℃以上的热水中

B. 稀释的漂白水中

C. 稀释的洗洁精中

D. 稀释的银器清洁液中以除去咖啡渍和茶垢，保持杯具光亮

2. 意式咖啡机在什么时间开机较合适？（　　）

A. 工作准备时　　B. 前一天晚上　　C. 要用时再开机　　D. 不用开机

3. 准备制作虹吸式咖啡时，需（　　）。

A. 插上电源　　B. 检查酒精　　C. 添加鲜奶油　　D. 煮糖水

4. 调制咖啡时，咖啡匙应在何时保温？（　　）

A. 前一天晚上　　B. 作业准备时　　C. 调制过程中　　D. 善后处理时

5. 下列哪种是最常用的咖啡品种？（　　）

A. Robusta　　B. Arabica　　C. Liberica　　D. Java

6. 在树干约 30 厘米处锯断，让咖啡树重新生长枝叶，这个过程称为（　　）。

A. 复育　　B. 回切　　C. 插枝　　D. 更生

7. 咖啡树适合生长在热带和亚热带地区，也就是位于南北回归线之间，以赤道为中心，南北 25 度到 30 度之间，并形成一个环状地带，称为（　　）。

A. 咖啡赤道　　B. 咖啡归线　　C. 咖啡腰带　　D. 无特别称呼

8. 下列哪种咖啡煮器适合中研磨的咖啡粉？（　　）

A. 单孔滤杯　　B. 煮沸法　　C. 滤袋式　　D. 水滴式

9. 意式咖啡机工作时，磨咖啡粉最好的方式是（　　）。

A. 大量磨好，以迅速工作　　B. 每次磨三杯份

C. 控制研磨分量，当天使用完毕即可　　D. 现磨现煮

10. 公元 1933 年，发明摩卡壶的是哪国人？（　　）

A. 日本人　　B. 意大利人　　C. 美国人　　D. 德国人

11. 半自动意式咖啡机开机后将第一杯热水漏掉，主要目的是（　　）。

A. 带出隔夜的脏水　　B. 保养锅炉
C. 清洗滴水盘　　D. 习惯性动作

12. 咖啡豆是（　　）发现的。
A. 埃塞俄比亚人　B. 美国人　C. 法国人　D. 阿拉伯人

13. 下列哪一个国家不产咖啡豆？（　　）
A. 中国　B. 美国　C. 日本　D. 印度尼西亚

14. 咖啡豆中的成分，少量对身体有益，多量对身体有害的是（　　）。
A. 咖啡因　B. 单宁酸　C. 脂肪酸　D. 矿物质

15. 下列哪一种咖啡豆的特性最酸？（　　）
A. 蓝山　B. 曼特宁　C. 摩卡　D. 巴西

16. 下列哪一种咖啡豆的特性最苦？（　　）
A. 哥伦比亚　B. 曼特宁　C. 巴西　D. 蓝山

17. 制作加味咖啡，如草莓咖啡、香草咖啡等，都以哪一种品种的咖啡豆制作？（　　）
A. 阿拉比卡种　B. 罗布斯塔种　C. 爪哇种　D. 利比瑞卡种

18. 第一个制作咖啡饮料的国家是（　　）。
A. 墨西哥　B. 巴西　C. 哥伦比亚　D. 土耳其

19. 制作哪种咖啡会使用到烤杯架？（　　）
A. 皇家咖啡　B. 爱尔兰咖啡　C. 维也纳咖啡　D. 卡布奇诺咖啡

20. 下列哪一种咖啡调制时会加入少许的柠檬皮？（　　）
A. 美国式　B. 英国式　C. 意大利式　D. 巴西式

21. 买回来的咖啡豆，密封的咖啡袋隔天有膨胀的情形，是因为咖啡豆释放出的二氧化碳所造成的，这表示豆子（　　）。
A. 不新鲜　B. 受潮　C. 很新鲜　D. 过期不可食用

22. 美国夏威夷岛所生产的咖啡豆为（　　）。
A. 蓝山　B. 摩卡哈那　C. 科那　D. 曼特宁

23. 鲜度不佳的咖啡豆，冲调之后会带有（　　）。
A. 苦味　B. 涩味　C. 酸味　D. 甘味

24. 下列哪一种咖啡是以玻璃杯盛装的？（　　）
A. 爱尔兰咖啡　B. 爪哇式咖啡　C. 贵妇人咖啡　D. 浓缩咖啡

25. 意大利传统的卡布奇诺，其中浓缩咖啡与牛奶和奶泡的比例为（　　）。
A. 1∶1∶1　B. 1∶2∶1　C. 2∶1∶1　D. 3∶2∶1

26. 虹吸式冲煮法是利用（　　）原理制作的。
A. 对流　　B. 大气压
C. 蒸汽　　D. 咖啡表面的高压

27. 比利时咖啡属于（　　）烹煮方式。

A. 冲泡法　　B. 虹吸式　　C. 压力式　　D. 浸泡式

28. 咖啡生长的条件年均温度最好在（　　）。

A. 20℃　　B. 30℃　　C. 35℃　　D. 40℃

29. 咖啡树适合生长在南北回归线之间，以赤道为中心约（　　）。

A. 北纬 10 度到南纬 15 度　　B. 北纬 15 度到南纬 20 度

C. 北纬 25 度到南纬 30 度　　D. 北纬 30 度到南纬 40 度

30. 意大利式咖啡是采用（　　）咖啡机调制而成。

A. 过滤式　　B. 压力式　　C. 水滴式　　D. 蒸馏式

31. 爱尔兰咖啡冰沙需要添加（　　）。

A. 五彩巧克力米　　B. 豆蔻粉　　C. 肉桂粉　　D. 摩卡粉

32. 夏威夷咖啡需要添加（　　）。

A. 番茄　　B. 芭乐　　C. 凤梨　　D. 芒果

33. 冲泡大量冰咖啡，宜选用（　　）。

A. 滤纸冲泡法　　B. 滤布冲泡法

C. 虹吸式咖啡壶冲泡法　　D. 滤压壶冲泡法

34. 下列哪一种咖啡有薄荷的味道？（　　）

A. 爱尔兰咖啡　　B. 亚历山大咖啡

C. 维也纳咖啡　　D. 贵妇人咖啡

35. 意大利式咖啡所使用的咖啡豆是（　　）。

A. 摩卡豆　　B. 巴西豆　　C. 综合豆　　D. 蓝山豆

36. 使用意大利式（蒸汽、压力）咖啡机来调制热奶泡，最恰当的温度是（　　）。

A. 35℃—40℃　　B. 45℃—50℃　　C. 65℃—70℃　　D. 80℃—85℃

37. 在咖啡的成分中，最能够刺激中枢神经系统，使人情绪激昂，提高思考力，消除睡意，具有提神效果的是（　　）。

A. 咖啡因　　B. 脂肪　　C. 蛋白质　　D. 单宁酸

38. 咖啡果实成熟时，尚未去皮及加工，呈现（　　）。

A. 绿色　　B. 白色　　C. 红色　　D. 黄色

39. 咖啡果实在成熟时，经去皮加工后呈现（　　）。

A. 绿色　　B. 白色　　C. 红色　　D. 黄色

40. 咖啡豆最适合种植在（　　）。

A. 全日照地区　　B. 半日照地区　　C. 无日照地区　　D. 雨林

试题二

选择题

1. 摩卡咖啡豆是指（　　）的咖啡豆。

A. 刚果　　B. 坦桑尼亚

C. 也门及埃塞俄比亚　　D. 南非

2. 以喷雾干燥法制造的速溶咖啡，俗称第（　　）代咖啡。

A. 一　　B. 二　　C. 三　　D. 四

3. 用已冻结干燥法制造的速溶咖啡，俗称第（　　）代咖啡。

A. 一　　B. 二　　C. 三　　D. 四

4. 下列哪种咖啡豆不属于阿拉比卡种？（　　）

A. 曼特宁　　B. 科那　　C. 爪哇　　D. 摩卡

5. 公元 1923 年，发明无咖啡因咖啡的是（　　）。

A. 美国人　　B. 意大利人　　C. 法国人　　D. 德国人

6. 下列哪个国家最早种植咖啡豆？（　　）

A. 巴西　　B. 哥伦比亚　　C. 印度尼西亚　　D. 印度

7. 世界最大的咖啡生豆期货交易地点位于（　　）。

A. 伦敦　　B. 纽约　　C. 东京　　D. 巴黎

8. 皇家咖啡加入（　　）。

A. 冰糖　　B. 特级砂糖　　C. 二级砂糖　　D. 方糖

9. 热咖啡最适宜饮用的温度约在（　　）。

A. 40℃　　B. 60℃　　C. 80℃　　D. 100℃

10. 热咖啡服务时最适宜的温度约在（　　）。

A. 40℃　　B. 60℃　　C. 80℃　　D. 100℃

11. 一般酒店，咖啡厅中由于咖啡使用量大，皆会使用咖啡机来煮咖啡，有关咖啡机的保养、使用常识，下列何者为非？（　　）

A. 一般开机后暂时无法使用，待“热机”后即可使用

B. 咖啡豆渣盒满时要取出清洗

C. 咖啡机故障时可请服务员自行拆卸、清理

D. 咖啡机须每日清洗保养

12. 咖啡豆包装袋经常使用铝箔材质，下列功用哪一个是错误的？（　　）

A. 阻挡阳光　　B. 防止氧化

C. 预防潮湿　　D. 只为美观而已

13. 半自动意式咖啡机旁的研磨机粗细刻度，最佳调整时间为（　　）。

A. 更换豆子或每次清洗后　　B. 一周一次
C. 两周一次　　D. 每月调整一次

14. 一组全新的虹吸壶，最可能影响咖啡风味的部分是（　　）。
A. 虹吸壶上座　　B. 虹吸壶下座
C. 新滤布和新调棒　　D. 酒精灯型式

15. 意式咖啡机加热至工作压力区时压力表正常会上升到（　　）。
A. 绿色区块　　B. 红色区块　　C. 咖啡色区块　　D. 紫色区块

16. 加热完牛奶或是巧克力后，清洗蒸汽管及喷头的最佳时间为（　　）。
A. 营业结束时清洗一次　　B. 每打一次后，即刻用湿抹布清洗
C. 打完两到三杯时，再清洗以节省人力　　D. 有结乳垢时再清洗擦拭

17. 检查意式咖啡机的水压，最适当的压力为（　　）。
A. 4—5bar　　B. 6—7bar　　C. 8—9bar　　D. 10—11bar

18. 检查意式咖啡机的锅炉内工作压力表，最适当的压力为（　　）。
A. 0.2—0.3bar　　B. 0.4—0.5bar
C. 0.6—0.7bar　　D. 0.8—1.2bar

19. 意式咖啡机正在萃取咖啡时（　　）。
A. 不可将萃取手把移开，以免被烫伤
B. 发现萃取出的油脂不理想时，可以抽出萃取手把
C. 压力不足时，萃取手把可以抽出或移开
D. 当咖啡滴漏不出来时，可以将萃取手把左右转动

20. 清洗意式咖啡机时，下面叙述正确的是（　　）。
A. 因为机器有防水保湿设计，可以直接用水冲洗
B. 机器中的电子零件、机板可能会短路，因此不可以用水直接冲洗
C. 机器外表泛黄时，应该用去渍油擦拭
D. 当电源开启时，拆卸电子零件擦拭，才会知道机器运作是否正常

21. 意式咖啡机所萃取的咖啡称为（　　）。
A. 意大利式咖啡　　B. 皇家咖啡　　C. 维也纳咖啡　　D. 贵妇人咖啡

22. 咖啡最大的消费国家为（　　）。
A. 中国　　B. 美国　　C. 泰国　　D. 澳大利亚

23. 咖啡最大的生产国为（　　）。
A. 中国　　B. 美国　　C. 泰国　　D. 巴西

24. 下列哪个不是咖啡前三大生产国？（　　）
A. 巴西　　B. 美国　　C. 越南　　D. 哥伦比亚

25. 下列（　　）为咖啡第二大生产国。
A. 巴西　　B. 美国　　C. 越南　　D. 哥伦比亚

26. 每杯意式咖啡萃取量为 45 毫升，最适当的咖啡粉量为（　　）克。
A. 6—9　　B. 10—14　　C. 15—19　　D. 20—25

27. 咖啡树种植（　　）才会开花。

A. 5 年　　B. 1 年　　C. 3 年　　D. 2 年

28. 美国 50 个州中唯一种植咖啡豆的是（　　）。

A. 肯塔基州　　B. 波士顿　　C. 夏威夷岛　　D. 田纳西州

29. 咖啡具有利尿的成分，可刺激肠胃蠕动，帮助消化，（　　）多量对身体有害。

A. 咖啡因　　B. 单宁酸　　C. 脂肪　　D. 糖分

30. 构成咖啡特殊风味的要素，苦味的来源，溶于热水不易溶于冷水的成分为（　　）。

A. 咖啡因　　B. 单宁酸　　C. 脂肪　　D. 糖分

试题三

选择题

1. 运用冲壶取热水，以冲泡经过闷蒸的方式将咖啡液萃取出来的方法称为（　　）。

A. 压力式　　B. 浸泡式

C. 虹吸式　　D. 手冲泡式

2. 营业用压力式咖啡机锅炉的热水，带动水的压力产生（　　）的压力。

A. 6 个大气压　　B. 5 个大气压　　C. 3 个大气压　　D. 9 个大气压

3. 以快速萃取法将咖啡中的精粹油脂萃取出来的方法称为浓缩，时间约（　　）。

A. 25 秒　　B. 45 秒　　C. 50 秒　　D. 60 秒

4. 摩卡咖啡添加（　　）。

A. 巧克力酱　　B. 焦糖糖浆　　C. 咖啡利口酒　　D. 朗姆酒

5. 下列何种不属于蓝山咖啡的特性？（　　）

A. 弱酸　　B. 强香　　C. 强醇　　D. 强苦

6. 下列何种不属于曼特宁咖啡的特性？（　　）

A. 强酸　　B. 强香　　C. 强醇　　D. 强苦

7. 下列何种不属于巴西咖啡的特性？（　　）

A. 强酸　　B. 强香　　C. 弱甘　　D. 弱苦

8. （　　）咖啡是将咖啡粉、肉桂或豆蔻及糖放入长柄壶直接烹煮而成。

A. 比利时　　B. 土耳其　　C. 越南　　D. 摩卡

9. （　　）不属于漂浮冰咖啡主要的成分。

A. 冰激凌　　B. 鲜奶油　　C. 咖啡　　D. 白兰地

10. 压力式咖啡机适合（　　）。

A. 细研磨　　B. 粗研磨　　C. 极细研磨　　D. 中研磨

11. 下列（　　）较不会影响咖啡的风味。

A. 方糖　　B. 砂糖　　C. 榛果糖浆　　D. 杏仁糖浆

12. 下列哪个不是咖啡酸度的来源？（　　）

A. 鲜度不佳的咖啡豆，冲调之后会带有酸味

B. 浅烘焙咖啡会带有酸味

C. 肉桂烘焙咖啡会带有酸味

D. 烹煮咖啡时火焰大一些

13. 下列哪个属于虹吸式咖啡烹煮方式？（　　）

A. 摩卡咖啡　　B. 土耳其咖啡
C. 越南滴漏式咖啡　　D. 比利时咖啡

14. 下列哪个用于浸泡式咖啡烹煮方式？（　　）
A. 滤压式咖啡壶　　B. 比利时咖啡壶　　C. 摩卡壶　　D. 美式咖啡机

15. 咖啡结成果实时呈现（　　）。
A. 黑色　　B. 红色　　C. 绿色　　D. 白色

16. 梅丽塔滤杯式咖啡由（　　）发明。
A. 英国人　　B. 德国人　　C. 日本人　　D. 意大利人

17. 有关不锈钢工作吧台的优点，下列不正确的是（　　）。
A. 易清理　　B. 易生锈　　C. 耐腐蚀　　D. 使用年限很长

18. 为了将吧台工作台面保持洁净，应（　　）。
A. 每做完一道饮料不需急着整理
B. 先放着，等不忙时再一并整理
C. 做完一道饮料即刻将器皿清洗干净，台面要擦拭干净并处理装饰物
D. 咖啡师不必亲力亲为，可请助手稍后再整理

19. 擦拭咖啡机、咖啡杯及工作台（　　）。
A. 应准备多条布巾，随时更新保持洁净
B. 为节省时间及成本，可用相同的抹布一起擦拭
C. 用旧报纸来擦拭，既环保又省钱
D. 擦拭用的抹布吸水力不可过强，以免伤害咖啡杯

20. 人的舌头味觉分布是（　　）。
A. 舌尖苦、两边甜、舌根酸　　B. 舌尖甜、两边苦、舌根酸
C. 舌尖甜、两边酸、舌根苦　　D. 舌尖酸、两边甜、舌根苦

21. 咖啡储存管理采用（　　）法。
A. 先进后出　　B. 先进先出　　C. 后进先出　　D. 随心所欲

22. 调制咖啡时，咖啡匙应在（　　）保温。
A. 前一天晚上　　B. 工作进行时
C. 调制过程中　　D. 善后处理时

23. 前一天晚上放在冰箱中的物料于作业进行时必须要丢弃的是（　　）。
A. 半颗柠檬　　B. 一壶冰红茶
C. 开过的橄榄罐头　　D. 用过的奶

24. 将鲜乳经真空浓缩及其他方法除去大部分的水分，浓缩至原体积的27%—40%左右的乳制品，称为（　　）。
A. 炼乳　　B. 奶粉　　C. 奶精粉　　D. 发酵乳

25. 当意式咖啡机内的水已经加热至100℃时，两边蒸汽口会排出空气及水蒸汽，此时锅炉内会继续加热至（　　）。

A. 105℃左右　　B. 110℃左右　　C. 120℃左右　　D. 150℃左右

26. 操作意式咖啡机的奶泡时，若有像喷射机直降的声音表示（　　）。

A. 水温太高　　B. 水温太低

C. 蒸汽管离杯底太高　　D. 蒸汽管离杯底太近

27. 以下哪项不是咖啡直火式烘焙的优点？（　　）

A. 预热时间短

B. 能表现出各产地咖啡味道和香气的独特性

C. 适合单一配豆的咖啡

D. 省电

28. 以下不属于哥伦比亚三大商业产区的是（　　）。

A. 阿曼尼亚　　B. 麦德林　　C. 马尼萨斯　　D. 巴罗那州

29. 以下哪项是哥斯达黎加主要咖啡产地？（　　）

A. 阿曼尼亚　　B. 塔拉珠　　C. 马尼萨斯　　D. 巴罗那州

30. 无咖啡因咖啡的英文为（　　）。

A. Light Coffee

B. Free Coffee

C. Light Coffee with Decaffeinated

D. Decaffeinated coffee

试题四

选择题

1. 一般常用吧台氮气发泡枪是为何物准备的？（　　）

A. 汤力水　　B. 发泡鲜奶油　　C. 红石榴糖浆　　C. 豆蔻粉

2. 鲜奶的饮料会发生凝结现象，是因为加入了含有（　　）的食品。

A. 糖分　　B. 酸性　　C. 苦味　　D. 脂肪

3. 鲜度不佳的咖啡豆，冲调以后会带有（　　）。

A. 苦味　　B. 涩味　　C. 酸味　　D. 甘味

4. 以下哪种材质的咖啡罐具有较好的密闭性？（　　）

A. 纸盒罐　　B. 塑料罐　　C. 金属罐　　D. 陶罐

5. 养乐多、优酪乳就是一种（　　）。

A. 发酵乳　　B. 调味乳　　C. 纯牛奶　　D. 脱脂乳

6. 咖啡生长的条件年均温最好在（　　）。

A. 20℃　　B. 30℃　　C. 35℃　　D. 40℃

7. 下面哪种咖啡豆不属于阿拉比卡种？（　　）

A. 曼特宁豆　　B. 科那豆　　C. 爪哇豆　　D. 摩卡豆

8. 清洗意式咖啡机时，以下叙述何为正确？（　　）

A. 因为机器有防水保湿设计，可以直接用水清洗

B. 机器中的电子零件机板可能会短路，所以不可以用水直接冲洗

C. 机器外表泛黄时，应该用去渍油擦拭

D. 当电源开启时，只有拆卸电子零件擦拭，才会知道机器运作是否正常

9. 吧台结束营业时，（　　）不需要拔掉插头。

A. 果汁机　　B. 咖啡机　　C. 制冰机　　D. 磨豆机

10. 冰滴咖啡以 10 秒钟内滴落（　　）为最佳滴落速度。

A. 3 滴　　B. 9 滴　　C. 15 滴　　D. 20 滴

11. 涩味的来源，遇到过热的水会分解成焦梧酸破坏咖啡的香醇及损胃的咖啡成分为（　　）。

A. 咖啡因　　B. 单宁酸　　C. 脂肪　　D. 糖分

12. 咖啡香味的主要来源为（　　）。

A 咖啡因　　B. 单宁酸　　C. 脂肪　　D. 糖分

13. 将咖啡的果实外皮、果肉、内果皮、银皮剥开所得到的果实称为（　　）。

A. 黄豆　　B. 咖啡豆　　C. 生豆　　D. 熟豆

14. 将咖啡的果实外皮、果肉、内果皮、银皮剥开所得到的果实称为（　　）。

A. 绿色黄金　　B. 樱桃　　C. 黄金　　D. 咖啡豆

15. 中南美洲常用的等级，为产地标高界定、一般生产于海拔 1 350 米以上称为（　　）。

A. 极硬豆　　B. 硬豆　　C. 半硬豆　　D. 优质硬豆

16. 中南美洲常用的等级，为产地标高界定、一般生产于海拔 1 200 米—1 350 米称为（　　）。

A. 极硬豆　　B. 硬豆　　C. 半硬豆　　D. 优质硬豆

17. 中南美洲常用的等级，为产地标高界定、一般生产于海拔 1 050 米—1 200 米称为（　　）。

A. 极硬豆　　B. 硬豆　　C. 半硬豆　　D. 优质硬豆

18.（　　）不是南美洲咖啡主要生产的国家。

A. 委内瑞拉　　B. 哥伦比亚　　C. 巴西　　D. 印度尼西亚

19.（　　）不是中美洲咖啡主要生产的国家。

A. 巴拿马　　B. 多米尼亚　　C. 萨尔瓦多　　D. 印度

20.（　　）为咖啡中的极品，产于西印度群岛牙买加岛西部的蓝山山脉，且须种植于 1 800 米以上的高度。

A. 极品咖啡　　B. 牙买加高山咖啡

C. 牙买加咖啡　　D. 牙买加蓝山咖啡

21. “爱尔兰咖啡冰沙”需要添加（　　）。

A. 五彩巧克力米　　B. 豆蔻粉　　C. 肉桂粉　　D. 摩卡粉

22. “夏威夷咖啡”需要添加（　　）。

A. 番茄　　B. 芭乐　　C. 凤梨　　D. 芒果

23. 冲泡大量冰咖啡，宜选用（　　）。

A. 滤纸冲泡法　　B. 滤布冲泡法

C. 虹吸式咖啡壶冲泡法　　D. 滤压壶冲泡法

24.（　　）有薄荷的味道。

A. 爱尔兰咖啡　　B. 亚历山大咖啡　　C. 维也纳咖啡　　D. 贵妇人咖啡

25. 制作意大利式浓缩咖啡所使用的咖啡豆是（　　）。

A. 摩卡豆　　B. 巴西豆　　C. 综合豆　　D. 蓝山豆

26. 使用意大利式（蒸汽、压力）咖啡机来调制热奶泡，最恰当的温度为（　　）。

A. 35℃—40℃　　B. 45℃—50℃　　C. 65℃—70℃　　D. 80℃—85℃

27. 在咖啡的成分中，最能够刺激中枢神经系统，使人情绪激昂、提高思考力、消除睡意，具有提神效果的是（　　）。

A. 咖啡因　　B. 脂肪　　C. 蛋白质　　D. 单宁酸

28. 咖啡果实在成熟时，在尚未去皮及加工过程时，呈现（　　）。

A. 绿色　　B. 白色　　C. 红色　　D. 黄色

29. 咖啡果实在成熟时，呈现红色的果实，经去皮加工后呈现（　　）。

A. 绿色　　B. 白色　　C. 红色　　D. 黄色

30. 咖啡豆最适合种植在（　　）。

A. 全日照地区　　B. 半日照地区　　C. 无日照地区　　D. 雨林中

试题五

判断题

1. 先由自然阳光照射约 20 天，再用脱壳机将种子与外皮分离称为水洗法。（　　）

2. 干燥法又称水洗法，此方法早在 1 000 多年前阿拉伯人就已经使用了。（　　）

3. 单宁酸是使咖啡拥有特殊风味的要素、苦味的来源，溶于热水不易溶于冷水。（　　）

4. 咖啡因具有利尿作用，可刺激肠胃蠕动帮助消化，多量对身体有害。（　　）

5. 咖啡因是涩味的来源、过热的水温会使咖啡因破坏咖啡的香醇及损胃。（　　）

6. 脂肪为香味的主要来源，其中所含的脂肪酸会导致酸性咖啡。（　　）

7. 咖啡的果实由种子、银皮、内果皮、果肉、外皮所组成。（　　）

8. 咖啡树属于茜草科的常绿树，适合种植于热带与亚热带国家。（　　）

9. 咖啡树适合种植于南北纬 25 度到 30 度之间，并形成一个环状地带，此地带称为咖啡地带及咖啡腰带。（　　）

10. 咖啡树生长需要 15℃—25℃之间温暖的气候，整年的降雨量需有 1 500—2 000 毫米。（　　）

11. 最理想种植咖啡的高度为 500—2 000 米，海拔越高，晚上温度越低，咖啡生长越缓慢，从而使咖啡产生独特的风味且能增加咖啡的酸味。（　　）

12. 咖啡刚结的果实为黄色，成熟后转为红色，形状像樱桃，因此便将成熟的咖啡称为樱桃咖啡。（　　）

13. 咖啡树的品种有三种，分别是阿拉比卡种、罗布斯塔种、利比瑞卡种。（　　）

14. 罗布斯塔种占全球产量的 70%，属椭圆形，颜色均匀，中间裂纹曲折，背面圆弧形且平整。（　　）

15. 阿拉比卡种不易栽种，太冷、太热、太潮湿及降霜的气候都不适合其生长，需要在全年温度 20℃左右及高海拔的斜坡上种植。（　　）

16. 罗布斯塔种是最优良的咖啡品种，也是全球种植量最大的品种。（　　）

17. 罗布斯塔种适中的特性适合制作成加味咖啡，如榛果咖啡、草莓咖啡、香草咖啡。（　　）

18. 阿拉比卡种占全球产量的 20%—30%，颗粒较小、大小不一、易栽种、能适应恶劣的环境，耐虫性佳。（　　）

19. 咖啡树适合生长在以赤道为中心南北经纬线 25 度的热带地区，在这个环状地带的国家分属于美洲、非洲、亚洲、大洋洲、太平洋地区。（　　）

20. 安提瓜咖啡豆主要产于危地马拉，位于中美洲。（　　）

21. 只有种植于牙买加岛才能称为蓝山咖啡，种植于蓝山区域外的高山咖啡称为牙买加高山咖啡。（　　）

22. 曼特宁为西北苏门答腊的达巴奴里区所生产的咖啡。（　）

23. 越南咖啡产量为世界第二，以罗布斯塔种为主要品种。（　）

24. 美国 50 个州中唯一有出产咖啡豆的是夏威夷岛。（　）

25. 传统的烘焙咖啡豆的方法大致可分为三种：直火式、热风式、半热风式。（　）

26. 烘焙的过程会影响咖啡的风味，同一种咖啡不同的温度烘焙味道亦不同。（　）

27. 烘焙的颜色越浅，咖啡越苦；烘焙的颜色越深咖啡越酸；烘焙豆子时需依咖啡的特性而决定烘焙的程度。（　）

28. 美国有 50 个州，只有夏威夷群岛有种植咖啡。夏威夷群岛由 19 个岛屿与珊瑚礁组成，只有 5 个岛屿有种植咖啡豆。（　）

29. 巴西有 21 个州，17 个州有种植咖啡豆，占全球总产量的 1/3，为全球咖啡第二大生产国。（　）

30. 曼特宁产于印度的苏门答腊，以林东行政区 Tobe 湖西南高原所产的林东咖啡最为优质。（　）

31. 只有从摩卡港口出口的咖啡才称为摩卡咖啡，又称为埃塞俄比亚咖啡。（　）

32. 越南为全球咖啡第一大出产国，越南咖啡种植面积约 50 万公顷，南部以罗布斯塔种、北部以阿拉比卡种为主。（　）

33. 咖啡加入糖可降低酸味，也提高了苦味；加奶可中和酸味。（　）

34. 鲜奶指生乳经杀菌或高温灭菌后供直接饮用的全乳汁。（　）

35. 纯牛奶指生乳经杀菌或高温灭菌后，以瓶装、罐装或无菌包装，于常温下储存，可直接饮用。（　）

36. 鲜奶油是从牛奶分离出的乳品，可分为植物性及动物性鲜奶油。（　）

37. 咖啡烘焙的颜色越深，所冲煮出来的咖啡的颜色就越深；烘焙的颜色越浅，咖啡的颜色越浅。（　）

38. 保存咖啡最好的方法是快速喝完，但若无法于短时间内饮用完，可放置于冰箱冷藏。（　）

39. 购买回来的咖啡豆，密封的咖啡袋有膨胀的情形，是因为咖啡豆释放出二氧化碳所造成的，这表示咖啡不是新鲜的。（　）

40. 咖啡豆包装袋经常使用铝箔材质，其功用为阻挡阳光、防止氧化、预防潮湿。（　）

41. 比利时咖啡壶是利用虹吸原理将加热容器冷却后形成的部分真空将咖啡萃取出来。（　）

42. 越南滴漏式咖啡是以热水冲泡的方法，通过闷蒸的方式将咖啡液萃取出来。（　）

43. 摩卡壶是利用气压将咖啡萃取出来的方法，以直火式的构造由加热的热水由上往下瞬间萃取咖啡。（　）

44. 填压的目的是使热水能均匀地融合于咖啡粉中，完美地填压是咖啡的油脂及

芳香的关键。 （ ）

45. 使用咖啡机时，刚温完机器后须将第一杯水漏掉，主要目的是为将隔天机器中所存的水漏掉。 （ ）

46. 曼特宁咖啡属于酸性较高的咖啡，口感均匀丰富。 （ ）

47. 巴西咖啡味道均衡、弱甘、弱苦、弱香，适合调配咖啡使用。 （ ）

48. 烹煮咖啡时搅拌的目的是使粉末均匀地散布在热水中及调整温度。 （ ）

49. 烹煮咖啡时火焰太大，咖啡酸味容易释放出来。 （ ）

50. 烹煮咖啡时搅拌太多，咖啡苦味容易释放出来。 （ ）

试题六

判断题

1. 巴西咖啡产于亚洲，主要产于圣保罗州、巴拉那州、圣埃斯皮里图州、巴布那州等。（ ）

2. 巴拿马咖啡产于中美洲，主要产于北部，以罗布斯塔种为主要品种。（ ）

3. 牙买加咖啡主要产于圣安德鲁地区、波特兰地区、圣玛丽地区与圣托马斯地区，咖啡主要为罗布斯塔种。（ ）

4. 肯尼亚咖啡、坦桑尼亚咖啡、乌干达咖啡、卢旺达咖啡主要产于美洲。（ ）

5. 印度位于南亚，咖啡主要等级可分为 A 级、B 级、C 级、T 级，口感滑润，颗粒均匀。（ ）

6. 印度咖啡的特色主要分为三级，第一级为季风马拉巴尔 AA，第二级为季风巴桑诺拉，第三级为季风阿拉比卡碎豆。（ ）

7. 越南位于南亚，咖啡产量为世界第三。（ ）

8. 越南主要咖啡栽种品种为阿拉比卡种。（ ）

9. 夏威夷为美国 50 个州中唯一有出产咖啡的岛屿，主要以罗布斯塔种为主。（ ）

10. 波本种及铁皮卡为阿拉比卡的原生种。（ ）

11. 罗布斯塔产生了许多豆种，以卡杜拉、马拉戈吉佩、黄波本、卡杜艾最有名。（ ）

12. 单宁酸是涩味的来源，过热的水温使单宁酸分解成焦糖酸。（ ）

13. 咖啡因是香味的主要来源，其中所含的脂肪酸会导致酸性咖啡。（ ）

14. 深度烘焙适合制作冰咖啡、意式咖啡、法式咖啡。（ ）

15. 法式烘焙呈淡淡的肉桂色，风味不均，酸性强，香味不足。（ ）

16. 意大利烘焙苦味强，适合制作冰咖啡。（ ）

17. 中度烘焙苦味强，适合制作冰咖啡。（ ）

18. 牙买加蓝山咖啡主要产于西印度群岛、牙买加西部蓝山山脉且须种植在海拔 457 米至 1 524 米之间。（ ）

19. 巴西咖啡种植的区域较为平坦，所种植海拔均在 3 000 米以上。（ ）

20. 爪哇咖啡产于印度尼西亚的爪哇岛，主要品种为罗布斯塔种。（ ）

21. 将两种以上不同的豆子混合，称为单品咖啡。（ ）

22. 咖啡加入糖可降低酸味，提高苦味。（ ）

23. 奶油球为牛奶分离出的乳品，可分为植物性及动物性。（ ）

24. 服务咖啡最佳的温度为 80℃—85℃。（ ）

25. 品尝咖啡的最佳温度为 60℃—65℃。（ ）

26. 虹吸式咖啡使用的器具以滤杯及毛绒布为主。（　）

27. 手冲泡式咖啡运用冲壶取热水冲泡，经过闷蒸的方式将咖啡液萃取出来。（　）

28. 鲜度不佳的咖啡豆，冲调之后咖啡会带有苦味。（　）

29. 肉桂烘焙、浅烘焙咖啡都带有苦味。（　）

30. 煮好的咖啡放置冷却后，咖啡会有苦味。（　）

31. 虹吸比利时咖啡壶为19世纪中期中国皇宫御用的咖啡壶，又称平衡式虹吸咖啡壶。（　）

32. 梅丽塔过滤杯是德国梅丽塔夫人发明的，在中国被广泛使用。（　）

33. 卡丽塔过滤杯是日本人发明的。（　）

34. 冲泡滤杯式咖啡最适合的水温为82℃—85℃。（　）

35. 为防止冲泡咖啡时滤纸移位，必须使滤纸附在滤杯的杯壁上。（　）

36. 浓缩咖啡主要利用压力将填紧的咖啡急速萃取，所产生的浓稠的咖啡。（　）

37. 中国为浓缩咖啡的发源地，一杯分量为25—30毫升。（　）

38. 摩卡壶是在1993年由美国人发明的，透过蒸汽的压力使下层的热水推过中层的咖啡粉所萃取咖啡液。（　）

39. 卡杜艾属阿拉比卡的种内杂交，为蒙多诺渥和卡杜拉杂交后所产的品种。（　）

40. 卡杜拉属基因突变种，为铁皮卡种的单基因变种。（　）

41. 马拉戈吉佩俗称象豆，属基因突变种，为铁皮卡种的单基因变种。（　）

42. 滤杯式咖啡所使用的滤纸具有保温功能。（　）

43. 使用新的毛绒布时需先以咖啡粉与热水将毛绒布一起放入煮约5—10分钟。（　）

44. 咖啡因具有提神效果，可提高肾脏机能，具有利尿作用，可刺激肠胃蠕动，帮助消化，多量对身体无害。（　）

45. 咖啡豆刚刚烘焙好时，含有丰富的二氧化碳，不适合饮用，两天后是最好的饮用时机。（　）

46. 冷水滴漏式咖啡是以约10℃的冷水平均每10秒滴8—10滴的速度浸泡咖啡粉所得的咖啡液。（　）

47. 冲泡咖啡最适当的水温为70℃。（　）

48. 咖啡于公元4世纪时由非洲一位埃塞俄比亚牧羊人发现。（　）

49. 咖啡以豆子的大小为咖啡分级，以阿拉比卡种为主要品种。（　）

50. 压力式磨豆机适用于所有的咖啡机器具，专为营业所用，可更快速地研磨咖啡。（　）

参考文献

[1] 齐鸣. 咖啡咖啡 [M]. 南京：江苏凤凰科学技术出版社，2019.

[2] 韩怀宗. 世界咖啡学 [M]. 北京：中信出版社，2016.

[3] 韩怀宗. 精品咖啡学 [M]. 北京：中国戏剧出版社，2012.

[4] 许宝霖. 寻豆师 [M]. 南京：江苏凤凰科学技术出版社，2017.

[5] 童铃. 咖啡原来是这样啊 [M]. 北京：中国轻工业出版社，2014.

[6] [美] 马克·彭德格拉斯特. 左手咖啡，右手世界 [M]. 北京：机械工业出版社，2016.

[7] [日] 田口护. 精品咖啡大全 [M]. 石家庄：河北科技出版社，2014.

[8] [日] 石胁智广. 你不懂咖啡 [M]. 南京：江苏凤凰文艺出版社，2014.

[9] [日] 泽田洋史. Free Pour Latte Art [M]. 台北：瑞升文化事业股份有限公司，2010.

信息反馈表

尊敬的老师：

您好！为了更好地为您的教学、科研服务，我们希望通过这张反馈表来获取您更多的建议和意见，以进一步完善我们的工作。

请您填好下表后以电子邮件、信件或传真的形式反馈给我们，十分感谢！

一、您使用的我社教材情况

您使用的我社教材名称			
您所讲授的课程		学生人数	
您希望获得哪些相关教学资源			
您对本书有哪些建议			

二、您目前使用的教材及计划编写的教材

	书名	作者	出版社
您目前使用的教材			
	书名	预计交稿时间	本校开课学生数量
您计划编写的教材			

三、请留下您的联系方式，以便我们为您赠送样书（限1本）

您的通信地址			
您的姓名		联系电话	
电子邮箱（必填）			

我们的联系方式：

地　址：苏州工业园区仁爱路158号中国人民大学苏州校区修远楼

电　话：0512-68839320　　传　真：0512-68839316

网　址：www.crup.com.cn　　邮　编：215123